# 計算 せんもんドリル

## 5年

JN132633

5年　　組

# 特色と使い方

● このドリルは、計算力を付けるための計算問題をせんもんにあつかったドリルです。

● 教科書ぴったりトレーニングに、このドリルの何ページをすればよいのかが書いてあります。教科書ぴったりトレーニングにあわせてお使いください。

教科書ぴったりトレーニングのここを見てね

## もくじ

### おうちのかたへ

・お子さまがお使いの教科書や学校の学習状況により、ドリルのページが前後したり、学習されていない問題が含まれている場合がございます。お子さまの学習状況に応じてお使いください。

・お子さまがお使いの教科書により、教科書ぴったりトレーニングと対応していないページがある場合がございますが、お子さまの興味・関心に応じてお使いください。

**1** 次の計算をしましょう。

月　　日

① 　　1.4
　×2.1

② 　　5.8
　×3.7

③ 　0.8 3
　×　4.6

④ 　2.1 5
　×　9.3

⑤ 　　4.3
　×0.7 5

⑥ 　　3.6
　×1.7 5

⑦ 　0.6 2
　×0.7 8

⑧ 　0.9 3
　×0.0 4

⑨ 　0.0 5
　×0.8 6

⑩ 　0.0 7
　×2.9 1

**2** 次の計算を筆算でしましょう。

月　　日

①　7.3×5.2

②　0.32×5.5

③　7.8×2.01

# 2 小数×小数 の筆算②

## 1 次の計算をしましょう。

月　　日

①
```
    4.2
×  0.8
```

②
```
    7.7
×  7.6
```

③
```
   2.8 1
×    6.5
```

④
```
   0.5 5
×    6.8
```

⑤
```
    2.5
× 0.7 9
```

⑥
```
   0.8 9
× 0.7 1
```

⑦
```
   0.0 6
× 0.9 9
```

⑧
```
   0.8 5
× 0.0 4
```

⑨
```
    1 4 7
×     3.4
```

⑩
```
      9.4
× 1 8.9
```

## 2 次の計算を筆算でしましょう。

月　　日

①　7.5×9.4　　　②　0.14×3.3　　　③　0.8×6.57

# 3 小数×小数 の筆算③

**1** 次の計算をしましょう。

月　　日

① 　3.2
　×2.3

② 　8.6
　×1.6

③ 　0.34
　× 7.1

④ 　0.24
　× 7.5

⑤ 　 4.8
　×2.63

⑥ 　 0.5
　×8.79

⑦ 　0.49
　×0.93

⑧ 　0.59
　×0.08

⑨ 　0.04
　×0.45

⑩ 　17.2
　× 3.7

**2** 次の計算を筆算でしましょう。

月　　日

① 0.65×4.2

② 1.8×1.06

③ 306×5.8

# 4 小数×小数 の筆算④

**1** 次の計算をしましょう。

月　　日

① 4.8
　×0.3

② 9.5
　×4.4

③ 0.13
　× 9.4

④ 2.76
　× 2.6

⑤ 8.7
　×0.95

⑥ 9.5
　×0.48

⑦ 0.79
　×0.18

⑧ 0.03
　×0.96

⑨ 0.48
　×0.05

⑩ 26.4
　× 1.9

**2** 次の計算を筆算でしましょう。

月　　日

① 0.25×3.6

② 9.9×0.42

③ 1.3×2.98

## 5 小数×小数 の筆算⑤

**1** 次の計算をしましょう。

月　　日

①
```
    1.1
×   3.3
```

②
```
    4.7
×   2.5
```

③
```
   0.8 9
×    5.2
```

④
```
   2.0 4
×   3.7
```

⑤
```
     4.8
×  5.3 6
```

⑥
```
     7.5
×  0.8 4
```

⑦
```
   0.9 7
× 0.4 3
```

⑧
```
   0.3 6
× 0.0 7
```

⑨
```
   0.0 3
× 0.6 7
```

⑩
```
   0.0 8
× 5.2 5
```

**2** 次の計算を筆算でしましょう。

月　　日

① 0.64×4.3　　② 5.6×0.25　　③ 81×1.09

# 6 小数×小数 の筆算⑥

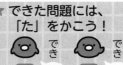
**1** 次の計算をしましょう。

月　　日

①　　8.1
　　×1.9

②　　6.5
　　×5.2

③　　0.79
　　×　7.2

④　　0.65
　　×　3.8

⑤　　6.2
　　×3.84

⑥　　2.3
　　×0.28

⑦　　0.73
　　×0.56

⑧　　0.08
　　×0.52

⑨　　0.95
　　×0.04

⑩　　183
　　×　2.6

**2** 次の計算を筆算でしましょう。

月　　日

①　0.52×3.7

②　9.4×0.36

③　1.05×4.18

# 7 小数×小数 の筆算⑦

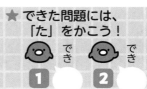
**1** 次の計算をしましょう。

月　　日

① 4.1
× 1.2

② 7.5
× 4.3

③ 0.6 9
× 　7.4

④ 5.5
× 0.9 1

⑤ 6.6
× 0.1 5

⑥ 0.5 4
× 0.3 8

⑦ 0.4 9
× 0.0 3

⑧ 0.0 2
× 0.7 5

⑨ 4 8 6
× 　9.9

⑩ 6 3.2
× 　6.5

**2** 次の計算を筆算でしましょう。

月　　日

① 5.8×4.2

② 1.04×2.06

③ 6×2.93

## 8 小数÷小数 の筆算①

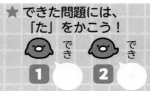
**1** 次の計算をしましょう。

月　　日

① $7.9\,)\overline{8.6\,9}$

② $1.3\,)\overline{8.9\,7}$

③ $3.7\,)\overline{2.2\,2}$

④ $0.9\,)\overline{8.8\,2}$

⑤ $2.7\,)\overline{8.1}$

⑥ $7.5\,)\overline{3\,7.5}$

⑦ $0.0\,5\,)\overline{2.3\,5}$

⑧ $0.7\,4\,)\overline{8.8\,8}$

⑨ $2.4\,3\,)\overline{1\,2.1\,5}$

⑩ $5.5\,)\overline{2\,2}$

**2** 次の計算を筆算でしましょう。

月　　日

①　$21.08\div3.4$

②　$5.68\div1.42$

③　$80\div3.2$

★ できた問題には、
「た」をかこう！

😊 でき **1** ⬜  😊 でき **2** ⬜

**1** 次の計算をしましょう。

月　　日

① $7.6 \overline{)9.88}$

② $4.4 \overline{)8.36}$

③ $4.8 \overline{)3.36}$

④ $0.4 \overline{)1.52}$

⑤ $2.6 \overline{)7.8}$

⑥ $6.4 \overline{)51.2}$

⑦ $0.06 \overline{)5.82}$

⑧ $0.63 \overline{)1.89}$

⑨ $1.18 \overline{)8.26}$

⑩ $1.5 \overline{)84}$

**2** 次の計算を筆算でしましょう。

月　　日

① $23.25 \div 2.5$

② $45.48 \div 3.79$

③ $15 \div 0.25$

**1** 次の計算をしましょう。

月　　　日

① $2.1\overline{)5.67}$

② $1.4\overline{)8.26}$

③ $4.7\overline{)3.76}$

④ $0.3\overline{)1.02}$

⑤ $1.5\overline{)7.5}$

⑥ $3.8\overline{)11.4}$

⑦ $0.08\overline{)4.96}$

⑧ $0.82\overline{)7.38}$

⑨ $2.92\overline{)23.36}$

⑩ $1.59\overline{)47.7}$

**2** 次の計算を筆算でしましょう。

月　　　日

① $12.73 \div 6.7$

② $9.15 \div 1.83$

③ $40 \div 1.6$

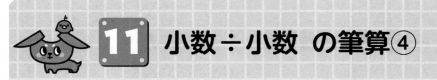

# 11 小数÷小数 の筆算④

**1** 次の計算をしましょう。　　月　日

① 5.3〉8.4 8

② 7.4〉9.6 2

③ 2.9〉1.4 5

④ 0.7〉3.9 9

⑤ 2.3〉9.2

⑥ 8.6〉6 8.8

⑦ 0.0 3〉1.3 8

⑧ 0.8 1〉6.4 8

⑨ 2.2 6〉9.0 4

⑩ 2.4〉6 0

**2** 次の計算を筆算でしましょう。　　月　日

① 21.45÷6.5　　② 47.55÷3.17　　③ 54÷1.35

# 12 小数÷小数 の筆算⑤

**1** 次の計算をしましょう。

月　　日

① 5.2) 9.3 6

② 1.6) 8.4 8

③ 1.7) 1.0 2

④ 0.8) 5.3 6

⑤ 2.4) 9.6

⑥ 4.1) 3 6.9

⑦ 0.0 5) 2.7 5

⑧ 0.3 9) 6.2 4

⑨ 1.8 2) 3 4.5 8

⑩ 0.0 4) 1 2.4

**2** 次の計算を筆算でしましょう。

月　　日

① 33.1 1÷4.3　　② 7.84÷1.96　　③ 84÷5.6

# 13 わり進む小数の わり算の筆算①

★ できた問題には、
「た」をかこう！

1 次のわり算を、わり切れるまで計算しましょう。　　　　　月　　日

① 4.2〕3.5 7

② 3.5〕1.8 9

③ 2.4〕1.8

④ 2.5〕1.6

⑤ 1.6〕4

⑥ 7.2〕4 5

⑦ 0.5 4〕1.3 5

⑧ 1.1 6〕8.7

2 次の計算を筆算で、わり切れるまでしましょう。　　　　　月　　日

① 1.02÷1.5

② 24÷7.5

③ 3.72÷2.48

## 14 わり進む小数の わり算の筆算②

**1** 次のわり算を、わり切れるまで計算しましょう。

月　　日

① 4.5⟌2.8 8

② 9.2⟌3.2 2

③ 1.6⟌1.2

④ 7.5⟌3.3

⑤ 2.4⟌3

⑥ 2.5⟌8 4

⑦ 3.9 2⟌5.8 8

⑧ 3.2 4⟌8.1

**2** 次の計算を筆算で、わり切れるまでしましょう。

月　　日

① 1.7÷6.8　　② 9÷2.4　　③ 9.6÷1.28

★ できた問題には、「た」をかこう！
1 でき　2 でき

**1** 商を四捨五入して、$\frac{1}{10}$ の位までのがい数で表しましょう。

月　　日

①
3.7〉6.9 4

②
0.8 1〉9

③
0.7〉9.5

④
2.7〉3 4.9

**2** 商を四捨五入して、上から 2 けたのがい数で表しましょう。

月　　日

①
0.7〉5.8

②
3.6〉9.0 5

③
8.1〉9.5 8

④
2.3〉1 8.6

## 16 商をがい数で表す小数の わり算の筆算②

**1** 商を四捨五入 $\underset{\text{し しゃ ご にゅう}}{}$ して、$\frac{1}{10}$ の位までのがい数で表しましょう。

月　　日

① 6.3 ) 7.6 1

② 1.3 ) 7

③ 7.1 ) 5.1

④ 4 5.3 ) 8

**2** 商を四捨五入して、上から2けたのがい数で表しましょう。

月　　日

① 2.7 ) 5.9

② 5.3 ) 5.9 4

③ 1.9 ) 3

④ 1 9.8 ) 2 6

# 17 あまりを出す小数の わり算

**1** 商を一の位まで求め、あまりも出しましょう。

月　　日

① 0.6〉5.8

② 1.6〉5.8

③ 3.7〉29.5

④ 5.4〉74.5

⑤ 2.1〉91.2

⑥ 2.9〉9.35

⑦ 1.4〉8.73

⑧ 3.8〉7.51

**2** 商を一の位まで求め、あまりも出しましょう。

月　　日

① 1.3〉4

② 4.3〉16

③ 2.4〉61

④ 6.6〉79

⑤ 0.4〉2.51

⑥ 6.7〉284

⑦ 2.4〉905

⑧ 3.9〉657

## 18 分数のたし算①

**1** 次の計算をしましょう。

① $\dfrac{1}{3} + \dfrac{1}{2}$

② $\dfrac{1}{2} + \dfrac{3}{8}$

③ $\dfrac{1}{6} + \dfrac{5}{9}$

④ $\dfrac{1}{4} + \dfrac{3}{10}$

⑤ $\dfrac{2}{3} + \dfrac{3}{4}$

⑥ $\dfrac{7}{8} + \dfrac{1}{6}$

**2** 次の計算をしましょう。

① $\dfrac{1}{2} + \dfrac{3}{10}$

② $\dfrac{1}{15} + \dfrac{3}{5}$

③ $\dfrac{1}{6} + \dfrac{9}{14}$

④ $\dfrac{3}{10} + \dfrac{5}{14}$

⑤ $\dfrac{1}{6} + \dfrac{14}{15}$

⑥ $\dfrac{9}{10} + \dfrac{3}{5}$

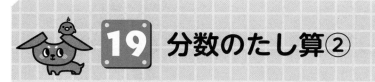

**1** 次の計算をしましょう。　　　　　　　　　　　月　　　日

① $\dfrac{2}{5}+\dfrac{1}{3}$

② $\dfrac{1}{6}+\dfrac{3}{7}$

③ $\dfrac{1}{4}+\dfrac{3}{16}$

④ $\dfrac{7}{12}+\dfrac{2}{9}$

⑤ $\dfrac{5}{6}+\dfrac{1}{5}$

⑥ $\dfrac{3}{4}+\dfrac{5}{8}$

**2** 次の計算をしましょう。　　　　　　　　　　　月　　　日

① $\dfrac{1}{6}+\dfrac{1}{2}$

② $\dfrac{7}{10}+\dfrac{2}{15}$

③ $\dfrac{6}{7}+\dfrac{9}{14}$

④ $\dfrac{13}{15}+\dfrac{1}{3}$

⑤ $\dfrac{7}{10}+\dfrac{5}{6}$

⑥ $\dfrac{5}{6}+\dfrac{5}{14}$

## 20 分数のたし算③

**1** 次の計算をしましょう。

① $\dfrac{1}{2} + \dfrac{2}{5}$

② $\dfrac{2}{3} + \dfrac{1}{8}$

③ $\dfrac{1}{5} + \dfrac{7}{10}$

④ $\dfrac{1}{4} + \dfrac{9}{14}$

⑤ $\dfrac{2}{3} + \dfrac{4}{9}$

⑥ $\dfrac{3}{4} + \dfrac{3}{10}$

**2** 次の計算をしましょう。

① $\dfrac{1}{12} + \dfrac{1}{4}$

② $\dfrac{3}{10} + \dfrac{1}{6}$

③ $\dfrac{11}{15} + \dfrac{1}{6}$

④ $\dfrac{1}{2} + \dfrac{9}{14}$

⑤ $\dfrac{2}{3} + \dfrac{5}{6}$

⑥ $\dfrac{14}{15} + \dfrac{9}{10}$

# 21 分数のひき算①

**1** 次の計算をしましょう。

月　　日

① $\dfrac{1}{4} - \dfrac{1}{9}$

② $\dfrac{6}{5} - \dfrac{6}{7}$

③ $\dfrac{3}{4} - \dfrac{1}{2}$

④ $\dfrac{8}{9} - \dfrac{1}{3}$

⑤ $\dfrac{5}{8} - \dfrac{1}{6}$

⑥ $\dfrac{5}{4} - \dfrac{1}{6}$

**2** 次の計算をしましょう。

月　　日

① $\dfrac{9}{10} - \dfrac{2}{5}$

② $\dfrac{5}{6} - \dfrac{1}{3}$

③ $\dfrac{3}{2} - \dfrac{9}{14}$

④ $\dfrac{4}{3} - \dfrac{8}{15}$

⑤ $\dfrac{11}{6} - \dfrac{9}{10}$

⑥ $\dfrac{23}{10} - \dfrac{7}{15}$

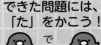

**1** 次の計算をしましょう。

月　　日

① $\dfrac{2}{3} - \dfrac{2}{5}$

② $\dfrac{4}{7} - \dfrac{1}{2}$

③ $\dfrac{7}{8} - \dfrac{1}{2}$

④ $\dfrac{2}{3} - \dfrac{5}{9}$

⑤ $\dfrac{5}{4} - \dfrac{7}{10}$

⑥ $\dfrac{11}{8} - \dfrac{1}{6}$

**2** 次の計算をしましょう。

月　　日

① $\dfrac{4}{5} - \dfrac{3}{10}$

② $\dfrac{9}{14} - \dfrac{1}{2}$

③ $\dfrac{7}{15} - \dfrac{1}{6}$

④ $\dfrac{7}{6} - \dfrac{9}{10}$

⑤ $\dfrac{14}{15} - \dfrac{4}{21}$

⑥ $\dfrac{19}{15} - \dfrac{1}{10}$

**1** 次の計算をしましょう。

月　　　日

① $\dfrac{2}{3} - \dfrac{1}{4}$

② $\dfrac{2}{7} - \dfrac{1}{8}$

③ $\dfrac{3}{4} - \dfrac{1}{2}$

④ $\dfrac{5}{8} - \dfrac{1}{4}$

⑤ $\dfrac{5}{6} - \dfrac{2}{9}$

⑥ $\dfrac{3}{4} - \dfrac{1}{6}$

**2** 次の計算をしましょう。

月　　　日

① $\dfrac{5}{6} - \dfrac{1}{2}$

② $\dfrac{19}{18} - \dfrac{1}{2}$

③ $\dfrac{7}{6} - \dfrac{5}{12}$

④ $\dfrac{13}{15} - \dfrac{7}{10}$

⑤ $\dfrac{7}{6} - \dfrac{7}{10}$

⑥ $\dfrac{11}{6} - \dfrac{2}{15}$

## 24 3つの分数の たし算・ひき算

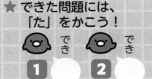

**1** 次の計算をしましょう。

月　　日

① $\dfrac{1}{2} + \dfrac{1}{3} + \dfrac{1}{4}$

② $\dfrac{1}{2} + \dfrac{3}{4} + \dfrac{2}{5}$

③ $\dfrac{1}{3} + \dfrac{3}{4} + \dfrac{1}{6}$

④ $\dfrac{1}{2} - \dfrac{1}{4} - \dfrac{1}{6}$

⑤ $\dfrac{14}{15} - \dfrac{1}{10} - \dfrac{1}{2}$

⑥ $1 - \dfrac{1}{10} - \dfrac{5}{6}$

**2** 次の計算をしましょう。

月　　日

① $\dfrac{4}{5} - \dfrac{3}{4} + \dfrac{1}{2}$

② $\dfrac{5}{6} - \dfrac{3}{4} + \dfrac{2}{3}$

③ $\dfrac{8}{9} - \dfrac{1}{2} + \dfrac{5}{6}$

④ $\dfrac{1}{2} + \dfrac{2}{3} - \dfrac{8}{9}$

⑤ $\dfrac{3}{4} + \dfrac{1}{3} - \dfrac{5}{6}$

⑥ $\dfrac{9}{10} + \dfrac{1}{2} - \dfrac{2}{5}$

## 25 帯分数のたし算①

**1** 次の計算をしましょう。

月　　日

① $1\dfrac{1}{2} + \dfrac{1}{3}$

② $\dfrac{1}{6} + 1\dfrac{7}{8}$

③ $1\dfrac{1}{4} + 1\dfrac{2}{5}$

④ $1\dfrac{5}{7} + 1\dfrac{1}{2}$

**2** 次の計算をしましょう。

月　　日

① $1\dfrac{3}{4} + \dfrac{7}{12}$

② $\dfrac{3}{10} + 2\dfrac{5}{6}$

③ $1\dfrac{1}{2} + 2\dfrac{3}{10}$

④ $2\dfrac{5}{6} + 1\dfrac{7}{15}$

## 26 帯分数のたし算②

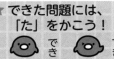

**1** 次の計算をしましょう。

月　　日

① $1\dfrac{2}{3}+\dfrac{2}{5}$

② $\dfrac{7}{9}+2\dfrac{5}{6}$

③ $1\dfrac{2}{3}+4\dfrac{1}{9}$

④ $1\dfrac{3}{4}+1\dfrac{5}{6}$

**2** 次の計算をしましょう。

月　　日

① $2\dfrac{1}{2}+\dfrac{7}{10}$

② $\dfrac{1}{6}+1\dfrac{13}{14}$

③ $1\dfrac{7}{12}+1\dfrac{2}{3}$

④ $1\dfrac{5}{6}+1\dfrac{7}{10}$

# 27 帯分数のたし算③

★ できた問題には、
「た」をかこう！

でき **1** ⃝　でき **2** ⃝

**1** 次の計算をしましょう。

月　　日

① $1\frac{4}{5} + \frac{1}{2}$

② $\frac{3}{4} + 1\frac{3}{10}$

③ $1\frac{1}{2} + 1\frac{6}{7}$

④ $1\frac{5}{6} + 1\frac{2}{9}$

**2** 次の計算をしましょう。

月　　日

① $2\frac{1}{2} + \frac{9}{10}$

② $\frac{11}{12} + 2\frac{1}{4}$

③ $2\frac{5}{14} + 1\frac{1}{2}$

④ $2\frac{1}{6} + 1\frac{9}{10}$

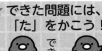

**1** 次の計算をしましょう。

月　　日

① $1\dfrac{2}{5} + \dfrac{2}{7}$

② $\dfrac{5}{8} + 1\dfrac{5}{12}$

③ $1\dfrac{2}{3} + 3\dfrac{8}{9}$

④ $1\dfrac{5}{6} + 1\dfrac{3}{4}$

**2** 次の計算をしましょう。

月　　日

① $2\dfrac{9}{10} + \dfrac{3}{5}$

② $\dfrac{5}{6} + 1\dfrac{1}{15}$

③ $1\dfrac{9}{14} + 1\dfrac{6}{7}$

④ $1\dfrac{3}{10} + 2\dfrac{13}{15}$

## 29 帯分数のひき算①

**1** 次の計算をしましょう。

月　　日

① $1\frac{1}{2} - \frac{2}{3}$

② $3\frac{2}{3} - 2\frac{2}{5}$

③ $3\frac{1}{4} - 2\frac{1}{2}$

④ $2\frac{7}{15} - 1\frac{5}{6}$

**2** 次の計算をしましょう。

月　　日

① $1\frac{1}{6} - \frac{9}{10}$

② $4\frac{5}{6} - 2\frac{1}{3}$

③ $5\frac{2}{5} - 4\frac{9}{10}$

④ $4\frac{5}{12} - 1\frac{2}{3}$

## 30 帯分数のひき算②

**1** 次の計算をしましょう。

① $2\frac{1}{4} - \frac{2}{3}$

② $2\frac{3}{4} - 1\frac{4}{7}$

③ $3\frac{2}{9} - 2\frac{5}{6}$

④ $4\frac{4}{15} - 3\frac{4}{9}$

月　　日

**2** 次の計算をしましょう。

① $1\frac{1}{7} - \frac{9}{14}$

② $4\frac{3}{4} - 2\frac{1}{12}$

③ $5\frac{1}{14} - 4\frac{1}{6}$

④ $5\frac{5}{12} - 2\frac{13}{15}$

月　　日

# 31 帯分数のひき算③

**1** 次の計算をしましょう。 　　　　　　　　　　月　　　日

① $2\dfrac{6}{7} - \dfrac{2}{3}$

② $2\dfrac{2}{3} - 1\dfrac{5}{6}$

③ $3\dfrac{1}{10} - 1\dfrac{1}{4}$

④ $2\dfrac{1}{4} - 1\dfrac{5}{6}$

**2** 次の計算をしましょう。 　　　　　　　　　　月　　　日

① $3\dfrac{1}{6} - \dfrac{1}{2}$

② $2\dfrac{1}{2} - 1\dfrac{3}{14}$

③ $4\dfrac{1}{10} - 3\dfrac{1}{6}$

④ $3\dfrac{1}{6} - 1\dfrac{13}{15}$

## 32 帯分数のひき算④

**1** 次の計算をしましょう。

月　　日

① $2\dfrac{2}{3} - \dfrac{3}{4}$

② $2\dfrac{5}{7} - 1\dfrac{1}{2}$

③ $2\dfrac{5}{8} - 1\dfrac{1}{4}$

④ $3\dfrac{1}{6} - 2\dfrac{5}{9}$

**2** 次の計算をしましょう。

月　　日

① $1\dfrac{3}{5} - \dfrac{1}{10}$

② $5\dfrac{1}{3} - 4\dfrac{7}{12}$

③ $4\dfrac{1}{2} - 2\dfrac{5}{6}$

④ $2\dfrac{3}{10} - 1\dfrac{7}{15}$

# 答え

## 1　小数×小数　の筆算①

**1**　①2.94　②21.46　③3.818　④19.995
⑤3.225　⑥6.3　　⑦0.4836　⑧0.0372
⑨0.043　⑩0.2037

**2**　
①　　7.3
　　×5.2
　　146
　365
　37.96

②　　0.32
　　×　5.5
　　160
　160
　1.760

③　　　7.8
　　×2.01
　　　78
　156
　15.678

## 2　小数×小数　の筆算②

**1**　①3.36　②58.52　③18.265　④3.74
⑤1.975　⑥0.6319　⑦0.0594　⑧0.034
⑨499.8　⑩177.66

**2**　
①　　7.5
　　×　9.4
　　300
　675
　70.50

②　　0.14
　　×　3.3
　　42
　42
　0.462

③　　　0.8
　　×6.57
　　56
　40
　48
　5.256

## 3　小数×小数　の筆算③

**1**　①7.36　②13.76　③2.414　④1.8
⑤12.624　⑥4.395　⑦0.4557　⑧0.0472
⑨0.018　⑩63.64

**2**　
①　　0.65
　　×　4.2
　　130
　260
　2.730

②　　　1.8
　　×1.06
　　108
　18
　1.908

③　　　306
　　×　5.8
　　2448
　1530
　1774.8

## 4　小数×小数　の筆算④

**1**　①1.44　②41.8　③1.222　④7.176
⑤8.265　⑥4.56　⑦0.1422　⑧0.0288
⑨0.024　⑩50.16

**2**　
①　　0.25
　　×　3.6
　　150
　75
　0.900

②　　　9.9
　　×0.42
　　198
　396
　4.158

③　　　1.3
　　×2.98
　　104
　117
　26
　3.874

## 5　小数×小数　の筆算⑤

**1**　①3.63　②11.75　③4.628　④7.548
⑤25.728　⑥6.3　　⑦0.4171　⑧0.0252
⑨0.0201　⑩0.42

**2**　
①　　0.64
　　×　4.3
　　192
　256
　2.752

②　　　5.6
　　×0.25
　　280
　112
　1.400

③　　　81
　　×1.09
　　729
　81
　88.29

## 6　小数×小数　の筆算⑥

**1**　①15.39　②33.8　③5.688　④2.47
⑤23.808　⑥0.644　⑦0.4088　⑧0.0416
⑨0.038　⑩475.8

**2**　
①　　0.52
　　×　3.7
　　364
　156
　1.924

②　　　9.4
　　×0.36
　　564
　282
　3.384

③　　　1.05
　　×4.18
　　840
　105
　420
　4.3890

## 7　小数×小数　の筆算⑦

**1**　①4.92　②32.25　③5.106　④5.005
⑤0.99　　⑥0.2052　⑦0.0147　⑧0.015
⑨4811.4　⑩410.8

**2**　
①　　5.8
　　×　4.2
　　116
　232
　24.36

②　　1.04
　　×2.06
　　624
　208
　2.1424

③　　　6
　　×2.93
　　18
　54
　12
　17.58

## 8 小数÷小数 の筆算①

**1** ①1.1 ②6.9 ③0.6 ④9.8
⑤3 ⑥5 ⑦47 ⑧12
⑨5 ⑩4

**2**
①
```
          6.2
3,4) 2 1,0.8
     2 0 4
         6 8
         6 8
           0
```
②
```
            4
1,42) 5,6 8
      5 6 8
          0
```
③
```
        2 5
3,2) 8 0 0
     6 4
     1 6 0
     1 6 0
         0
```

## 9 小数÷小数 の筆算②

**1** ①1.3 ②1.9 ③0.7 ④3.8
⑤3 ⑥8 ⑦97 ⑧3
⑨7 ⑩56

**2**
①
```
          9.3
2,5) 2 3,2.5
     2 2 5
         7 5
         7 5
           0
```
②
```
            1 2
3,79) 4 5,4 8
      3 7 9
        7 5 8
        7 5 8
            0
```
③
```
          6 0
0,25) 1 5 0 0
      1 5 0
          0
```

## 10 小数÷小数 の筆算③

**1** ①2.7 ②5.9 ③0.8 ④3.4
⑤5 ⑥3 ⑦62 ⑧9
⑨8 ⑩30

**2**
①
```
          1.9
6,7) 1 2,7.3
     6 7
     6 0 3
     6 0 3
         0
```
②
```
            5
1,83) 9,1 5
      9 1 5
          0
```

## 11 小数÷小数 の筆算④

③
```
        2 5
1,6) 4 0 0
     3 2
     8 0
     8 0
       0
```

**1** ①1.6 ②1.3 ③0.5 ④5.7
⑤4 ⑥8 ⑦46 ⑧8
⑨4 ⑩25

**2**
①
```
            3.3
6,5) 2 1,4.5
     1 9 5
       1 9 5
       1 9 5
           0
```
②
```
            1 5
3,17) 4 7,5 5
      3 1 7
      1 5 8 5
      1 5 8 5
            0
```
③
```
          4 0
1,35) 5 4 0 0
      5 4 0
          0
```

## 12 小数÷小数 の筆算⑤

**1** ①1.8 ②5.3 ③0.6 ④6.7
⑤4 ⑥9 ⑦55 ⑧16
⑨19 ⑩310

**2**
①
```
          7.7
4,3) 3 3,1.1
     3 0 1
       3 0 1
       3 0 1
           0
```
②
```
            4
1,96) 7,8 4
      7 8 4
          0
```
③
```
        1 5
5,6) 8 4 0
     5 6
     2 8 0
     2 8 0
         0
```

## 13 わり進む小数のわり算の筆算①

**1** ①0.85　②0.54　③0.75　④0.64
　　⑤2.5　⑥6.25　⑦2.5　⑧7.5

**2** ①
```
          0.6 8
   1,5 ) 1,0.2
          9 0
          1 2 0
          1 2 0
              0
```
②
```
             3.2
   7,5 ) 2 4 0
          2 2 5
          1 5 0
          1 5 0
              0
```
③
```
             1.5
   2,4 8 ) 3,7 2
            2 4 8
          1 2 4 0
          1 2 4 0
                0
```

## 14 わり進む小数のわり算の筆算②

**1** ①0.64　②0.35　③0.75　④0.44
　　⑤1.25　⑥33.6　⑦1.5　⑧2.5

**2** ①
```
          0.2 5
   6,8 ) 1,7.0
          1 3 6
          3 4 0
          3 4 0
              0
```
②
```
             3.7 5
   2,4 ) 9 0
          7 2
          1 8 0
          1 6 8
          1 2 0
          1 2 0
              0
```
③
```
             7.5
   1,2 8 ) 9,6 0
            8 9 6
            6 4 0
            6 4 0
                0
```

## 15 商をがい数で表す小数のわり算の筆算①

**1** ①1.9　②11.1　③13.6　④12.9
**2** ①8.3　②2.5　③1.2　④8.1

## 16 商をがい数で表す小数のわり算の筆算②

**1** ①1.2　②5.4　③0.7　④0.2
**2** ①2.2　②1.1　③1.6　④1.3

## 17 あまりを出す小数のわり算

**1** ①9 あまり 0.4　②3 あまり1
　　③7 あまり 3.6　④13 あまり 4.3
　　⑤43 あまり 0.9　⑥3 あまり 0.65
　　⑦6 あまり 0.33　⑧1 あまり 3.71

**2** ①3 あまり 0.1　②3 あまり 3.1
　　③25 あまり1　④11 あまり 6.4
　　⑤6 あまり 0.11　⑥42 あまり 2.6
　　⑦377 あまり 0.2　⑧168 あまり 1.8

## 18 分数のたし算①

**1** ①$\frac{5}{6}$　②$\frac{7}{8}$

③$\frac{13}{18}$　④$\frac{11}{20}$

⑤$\frac{17}{12}\left(1\frac{5}{12}\right)$　⑥$\frac{25}{24}\left(1\frac{1}{24}\right)$

**2** ①$\frac{4}{5}$　②$\frac{2}{3}$

③$\frac{17}{21}$　④$\frac{23}{35}$

⑤$\frac{11}{10}\left(1\frac{1}{10}\right)$　⑥$\frac{3}{2}\left(1\frac{1}{2}\right)$

## 19 分数のたし算②

**1** ①$\frac{11}{15}$　②$\frac{25}{42}$

③$\frac{7}{16}$　④$\frac{29}{36}$

⑤$\frac{31}{30}\left(1\frac{1}{30}\right)$　⑥$\frac{11}{8}\left(1\frac{3}{8}\right)$

**2** ①$\frac{2}{3}$　②$\frac{5}{6}$

③$\frac{3}{2}\left(1\frac{1}{2}\right)$　④$\frac{6}{5}\left(1\frac{1}{5}\right)$

⑤$\frac{23}{15}\left(1\frac{8}{15}\right)$　⑥$\frac{25}{21}\left(1\frac{4}{21}\right)$

## 20 分数のたし算③

**1** ① $\dfrac{9}{10}$  ② $\dfrac{19}{24}$

③ $\dfrac{9}{10}$  ④ $\dfrac{25}{28}$

⑤ $\dfrac{10}{9}\left(1\dfrac{1}{9}\right)$  ⑥ $\dfrac{21}{20}\left(1\dfrac{1}{20}\right)$

**2** ① $\dfrac{1}{3}$  ② $\dfrac{7}{15}$

③ $\dfrac{9}{10}$  ④ $\dfrac{8}{7}\left(1\dfrac{1}{7}\right)$

⑤ $\dfrac{3}{2}\left(1\dfrac{1}{2}\right)$  ⑥ $\dfrac{11}{6}\left(1\dfrac{5}{6}\right)$

## 21 分数のひき算①

**1** ① $\dfrac{5}{36}$  ② $\dfrac{12}{35}$

③ $\dfrac{1}{4}$  ④ $\dfrac{5}{9}$

⑤ $\dfrac{11}{24}$  ⑥ $\dfrac{13}{12}\left(1\dfrac{1}{12}\right)$

**2** ① $\dfrac{1}{2}$  ② $\dfrac{1}{2}$

③ $\dfrac{6}{7}$  ④ $\dfrac{4}{5}$

⑤ $\dfrac{14}{15}$  ⑥ $\dfrac{11}{6}\left(1\dfrac{5}{6}\right)$

## 22 分数のひき算②

**1** ① $\dfrac{4}{15}$  ② $\dfrac{1}{14}$

③ $\dfrac{3}{8}$  ④ $\dfrac{1}{9}$

⑤ $\dfrac{11}{20}$  ⑥ $\dfrac{29}{24}\left(1\dfrac{5}{24}\right)$

**2** ① $\dfrac{1}{2}$  ② $\dfrac{1}{7}$

③ $\dfrac{3}{10}$  ④ $\dfrac{4}{15}$

⑤ $\dfrac{26}{35}$  ⑥ $\dfrac{7}{6}\left(1\dfrac{1}{6}\right)$

## 23 分数のひき算③

**1** ① $\dfrac{5}{12}$  ② $\dfrac{9}{56}$

③ $\dfrac{1}{4}$  ④ $\dfrac{3}{8}$

⑤ $\dfrac{11}{18}$  ⑥ $\dfrac{7}{12}$

**2** ① $\dfrac{1}{3}$  ② $\dfrac{5}{9}$

③ $\dfrac{3}{4}$  ④ $\dfrac{1}{6}$

⑤ $\dfrac{7}{15}$  ⑥ $\dfrac{17}{10}\left(1\dfrac{7}{10}\right)$

## 24 3つの分数のたし算・ひき算

**1** ① $\dfrac{13}{12}\left(1\dfrac{1}{12}\right)$  ② $\dfrac{33}{20}\left(1\dfrac{13}{20}\right)$

③ $\dfrac{5}{4}\left(1\dfrac{1}{4}\right)$  ④ $\dfrac{1}{12}$

⑤ $\dfrac{1}{3}$  ⑥ $\dfrac{1}{15}$

**2** ① $\dfrac{11}{20}$  ② $\dfrac{3}{4}$

③ $\dfrac{11}{9}\left(1\dfrac{2}{9}\right)$  ④ $\dfrac{5}{18}$

⑤ $\dfrac{1}{4}$  ⑥ $1$

## 25 帯分数のたし算①

**1** ① $\dfrac{11}{6}\left(1\dfrac{5}{6}\right)$  ② $\dfrac{49}{24}\left(2\dfrac{1}{24}\right)$

③ $\dfrac{53}{20}\left(2\dfrac{13}{20}\right)$  ④ $\dfrac{45}{14}\left(3\dfrac{3}{14}\right)$

**2** ① $\dfrac{7}{3}\left(2\dfrac{1}{3}\right)$  ② $\dfrac{47}{15}\left(3\dfrac{2}{15}\right)$

③ $\dfrac{19}{5}\left(3\dfrac{4}{5}\right)$  ④ $\dfrac{43}{10}\left(4\dfrac{3}{10}\right)$

## 26 帯分数のたし算②

**1** ① $\dfrac{31}{15}\left(2\dfrac{1}{15}\right)$  ② $\dfrac{65}{18}\left(3\dfrac{11}{18}\right)$

③ $\dfrac{52}{9}\left(5\dfrac{7}{9}\right)$  ④ $\dfrac{43}{12}\left(3\dfrac{7}{12}\right)$

**2** ① $\dfrac{16}{5}\left(3\dfrac{1}{5}\right)$  ② $\dfrac{44}{21}\left(2\dfrac{2}{21}\right)$

③ $\dfrac{13}{4}\left(3\dfrac{1}{4}\right)$  ④ $\dfrac{53}{15}\left(3\dfrac{8}{15}\right)$

## 27 帯分数のたし算③

**1** ① $\dfrac{23}{10}\left(2\dfrac{3}{10}\right)$　　② $\dfrac{41}{20}\left(2\dfrac{1}{20}\right)$

　③ $\dfrac{47}{14}\left(3\dfrac{5}{14}\right)$　　④ $\dfrac{55}{18}\left(3\dfrac{1}{18}\right)$

**2** ① $\dfrac{17}{5}\left(3\dfrac{2}{5}\right)$　　② $\dfrac{19}{6}\left(3\dfrac{1}{6}\right)$

　③ $\dfrac{27}{7}\left(3\dfrac{6}{7}\right)$　　④ $\dfrac{61}{15}\left(4\dfrac{1}{15}\right)$

## 28 帯分数のたし算④

**1** ① $\dfrac{59}{35}\left(1\dfrac{24}{35}\right)$　　② $\dfrac{49}{24}\left(2\dfrac{1}{24}\right)$

　③ $\dfrac{50}{9}\left(5\dfrac{5}{9}\right)$　　④ $\dfrac{43}{12}\left(3\dfrac{7}{12}\right)$

**2** ① $\dfrac{7}{2}\left(3\dfrac{1}{2}\right)$　　② $\dfrac{19}{10}\left(1\dfrac{9}{10}\right)$

　③ $\dfrac{7}{2}\left(3\dfrac{1}{2}\right)$　　④ $\dfrac{25}{6}\left(4\dfrac{1}{6}\right)$

## 29 帯分数のひき算①

**1** ① $\dfrac{5}{6}$　　② $\dfrac{19}{15}\left(1\dfrac{4}{15}\right)$

　③ $\dfrac{3}{4}$　　④ $\dfrac{19}{30}$

**2** ① $\dfrac{4}{15}$　　② $\dfrac{5}{2}\left(2\dfrac{1}{2}\right)$

　③ $\dfrac{1}{2}$　　④ $\dfrac{11}{4}\left(2\dfrac{3}{4}\right)$

## 30 帯分数のひき算②

**1** ① $\dfrac{19}{12}\left(1\dfrac{7}{12}\right)$　　② $\dfrac{33}{28}\left(1\dfrac{5}{28}\right)$

　③ $\dfrac{7}{18}$　　④ $\dfrac{37}{45}$

**2** ① $\dfrac{1}{2}$　　② $\dfrac{8}{3}\left(2\dfrac{2}{3}\right)$

　③ $\dfrac{19}{21}$　　④ $\dfrac{51}{20}\left(2\dfrac{11}{20}\right)$

## 31 帯分数のひき算③

**1** ① $\dfrac{46}{21}\left(2\dfrac{4}{21}\right)$　　② $\dfrac{5}{6}$

　③ $\dfrac{37}{20}\left(1\dfrac{17}{20}\right)$　　④ $\dfrac{5}{12}$

**2** ① $\dfrac{8}{3}\left(2\dfrac{2}{3}\right)$　　② $\dfrac{9}{7}\left(1\dfrac{2}{7}\right)$

　③ $\dfrac{14}{15}$　　④ $\dfrac{13}{10}\left(1\dfrac{3}{10}\right)$

## 32 帯分数のひき算④

**1** ① $\dfrac{23}{12}\left(1\dfrac{11}{12}\right)$　　② $\dfrac{17}{14}\left(1\dfrac{3}{14}\right)$

　③ $\dfrac{11}{8}\left(1\dfrac{3}{8}\right)$　　④ $\dfrac{11}{18}$

**2** ① $\dfrac{3}{2}\left(1\dfrac{1}{2}\right)$　　② $\dfrac{3}{4}$

　③ $\dfrac{5}{3}\left(1\dfrac{2}{3}\right)$　　④ $\dfrac{5}{6}$

# 教科書ぴったりトレーニング

# はなまるシール

- ふろくの「がんばり表」に使おう！
- はじめに、キミのおとも犬を選んで、がんばり表にはろう！
- 学習が終わったら、がんばり表に「はなまるシール」をはろう！
- 余ったシールは自由に使ってね。

## キミのおとも犬

元気いっぱい お肉大好き！
つっこみ役 みんなの世話係
ちょっとこわがり 最年少
おっとり 読書好き
やさしくて物知り みんなの先生


## はなまるシール

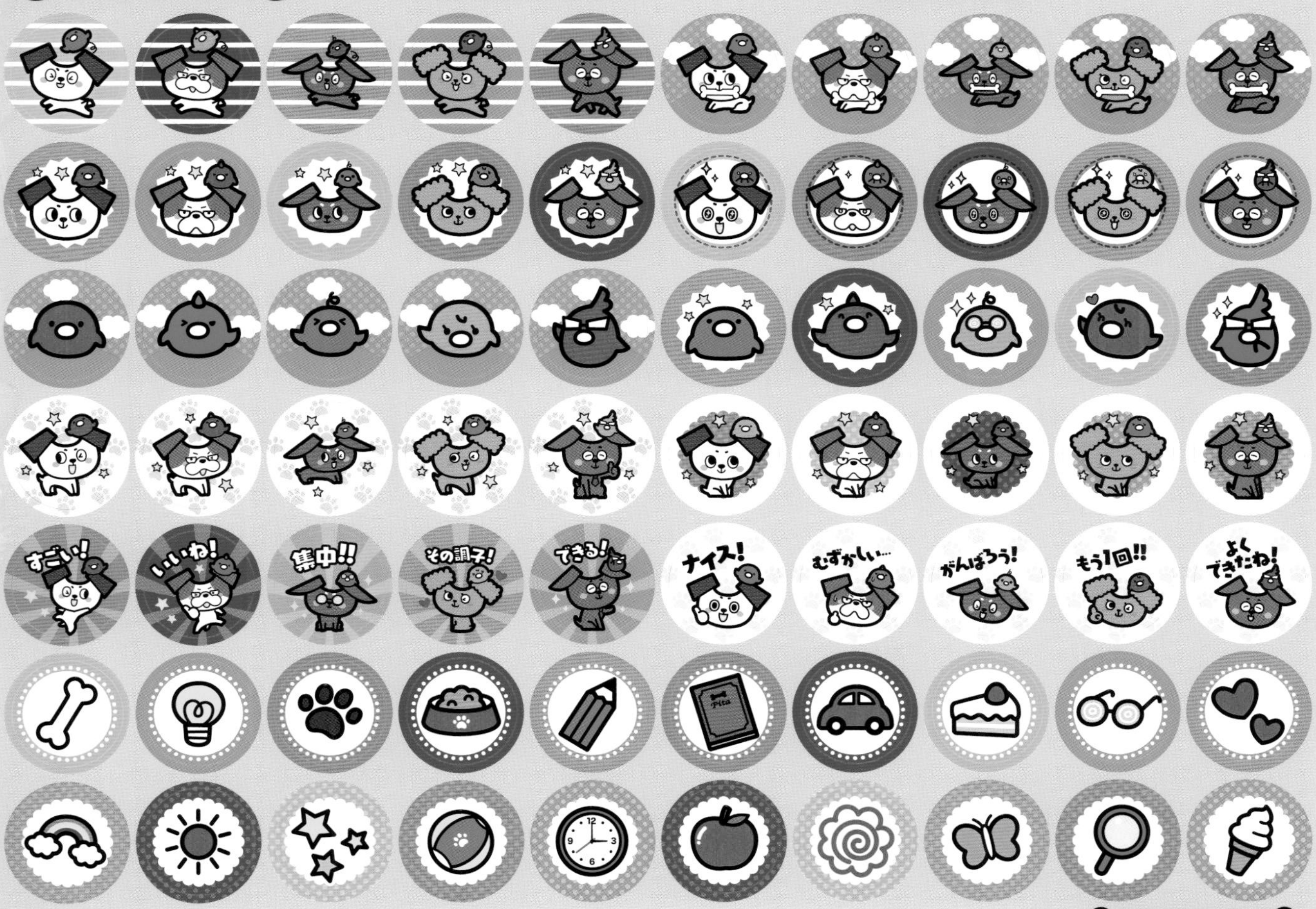

すごい！
いいね！
集中!!
その調子！
できる！
ナイス！
むずかしい…
がんばろう！
もう1回!!
よくできたね！


国語 理科 英語 算数 社会

## ごほうびシール

よくできました

教科書ぴったりトレーニング

# 算数 5年 がんばり表

いつも見えるところに、この「がんばり表」をはっておこう。
この「ぴたトレ」を学習したら、シールをはろう！
どこまでがんばったかわかるよ。

好きななまえをつけてね！

なまえ

ぴた犬
（おとも犬）
シールを
はろう

シールの中から好きなぴた犬を選ぼう。

---

**6. 割合 (1)**

32〜33ページ
ぴったり 1 2
できたらシールをはろう

**5. 小数のわり算**
① 整数÷小数　③ 計算の間の関係
② 小数÷小数

30〜31ページ ぴったり 3
28〜29ページ ぴったり 1 2
26〜27ページ ぴったり 1 2
24〜25ページ ぴったり 1 2
できたらシールをはろう

**4. 小数のかけ算**
① 整数×小数　③ 小数のかけ算を使って
② 小数×小数

22〜23ページ ぴったり 3
20〜21ページ ぴったり 1 2
18〜19ページ ぴったり 1 2
16〜17ページ ぴったり 1 2
できたらシールをはろう

**3. 比 例**

15ページ ぴったり 3
14ページ ぴったり 1 2
できたらシールをはろう

**2. 体 積**
① 直方体・立方体の体積　③ 体積の単位の関係
② 大きな体積

12〜13ページ ぴったり 3
10〜11ページ ぴったり 1 2
8〜9ページ ぴったり 1 2
6〜7ページ ぴったり 1 2
できたらシールをはろう

**1. 整数と小数**

4〜5ページ ぴったり 3
2〜3ページ ぴったり 1 2
できたらシールをはろう

スタート

---

**7. 合同な図形**
① 合同な図形　③ 三角形・四角形の角
② 合同な図形のかき方

34〜35ページ ぴったり 1 2
36〜37ページ ぴったり 1 2
38〜39ページ ぴったり 1 2
40〜41ページ ぴったり 1 2
42〜43ページ ぴったり 1 2
44〜45ページ ぴったり 3
できたらシールをはろう

**★. 見方・考え方を深めよう(1)**

46〜47ページ
できたらシールをはろう

**8. 整数**
① 偶数・奇数　③ 約数と公約数
② 倍数と公倍数

48〜49ページ ぴったり 1 2
50〜51ページ ぴったり 1 2
52〜53ページ ぴったり 1 2
54〜55ページ ぴったり 3
できたらシールをはろう

**9. 分 数**
① 等しい分数　③ 分数とわり算　⑤ 分数倍
② 分数のたし算・ひき算　④ 分数と小数・整数の関係

56〜57ページ ぴったり 1 2
58〜59ページ ぴったり 1 2
60〜61ページ ぴったり 1 2
62〜63ページ ぴったり 3
64〜65ページ ぴったり 1 2
66〜67ページ ぴったり 1 2
できたらシールをはろう

---

**14. 円と正多角形**
① 正多角形　③ 円周と比例
② 円周と直径

98〜99ページ ぴったり 1 2
96〜97ページ ぴったり 1 2
できたらシールをはろう

**活用. 見積もりを使って**

94〜95ページ
できたらシールをはろう

**★. 人文字**

92〜93ページ
できたらシールをはろう

**13. 割合 (2)**
① 割合　③ 割合を使って
② 百分率

90〜91ページ ぴったり 3
88〜89ページ ぴったり 1 2
86〜87ページ ぴったり 1 2
できたらシールをはろう

**★. 見方・考え方を深めよう(2)**

84〜85ページ
できたらシールをはろう

**12. 単位量あたりの大きさ**

82〜83ページ ぴったり 3
80〜81ページ ぴったり 1 2
できたらシールをはろう

**11. 平均とその利用**
① 平均
② 平均を使って

78〜79ページ ぴったり 3
76〜77ページ ぴったり 1 2
できたらシールをはろう

**10. 面 積**
① 三角形の面積　③ 台形・ひし形の面積　⑤ 面積と比例
② 平行四辺形の面積　④ 面積の求め方のくふう

74〜75ページ ぴったり 3
72〜73ページ ぴったり 1 2
70〜71ページ ぴったり 1 2
68〜69ページ ぴったり 1 2
できたらシールをはろう

---

**15. 割合のグラフ**
① 帯グラフと円グラフ
② 帯グラフや円グラフを使って

100〜101ページ ぴったり 3
102〜103ページ ぴったり 1 2
104〜105ページ ぴったり 3
できたらシールをはろう

**16. 角柱と円柱**

106〜107ページ ぴったり 1 2
108〜109ページ ぴったり 1 2
110〜111ページ ぴったり 3
できたらシールをはろう

**17. 速 さ**

112〜113ページ ぴったり 1 2
114〜115ページ ぴったり 1 2
116〜117ページ ぴったり 3
できたらシールをはろう

**18. 変わり方**

118〜119ページ ぴったり 1 2
120〜121ページ ぴったり 3
できたらシールをはろう

**★. 見方・考え方を深めよう(3)**

122〜123ページ
できたらシールをはろう

**★. わくわくプログラミング**

124〜125ページ プログラミング
できたらシールをはろう

**もうすぐ6年生**

126〜128ページ
できたらシールをはろう

ゴール

最後までがんばったキミは「ごほうびシール」をはろう！

# 教科書ぴったりトレーニングの使い方

『ぴたトレ』は教科書にぴったり合わせて使うことができるよ。教科書も見ながら、勉強していこうね。ぴた犬たちが勉強をサポートするよ。

## ふだんの学習

### ぴったり1 準備

教科書のだいじなところをまとめていくよ。
◎ねらい でどんなことを勉強するかわかるよ。
問題に答えながら、わかっているかかくにんしよう。
QRコードから「3分でまとめ動画」が見られるよ。

※QRコードは株式会社デンソーウェーブの登録商標です。

### ぴったり2 練習

「ぴったり1」で勉強したことが身についているかな？かくにんしながら、練習問題に取り組もう。

★できた問題には、「た」をかこう！★
でき① でき② でき③ でき④

### ぴったり3 確かめのテスト

「ぴったり1」「ぴったり2」が終わったら取り組んでみよう。
学校のテストの前にやってもいいね。
わからない問題は、ふりかえり を見て前にもどってかくにんしよう。

## 実力チェック

- ★ 夏のチャレンジテスト
- ❄ 冬のチャレンジテスト
- 🎓 春のチャレンジテスト
- 5年 算数のまとめ 学力診断テスト

夏休み、冬休み、春休み前に使いましょう。
学期の終わりや学年の終わりのテストの前にやってもいいね。

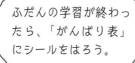

ふだんの学習が終わったら、「がんばり表」にシールをはろう。

## 別冊

### 答えとてびき

うすいピンク色のところには「答え」が書いてあるよ。取り組んだ問題の答え合わせをしてみよう。わからなかった問題やまちがえた問題は、右の「てびき」を読んだり、教科書を読み返したりして、もう一度見直そう。

---

# もくじ

**算数5年**
啓林館版
わくわく算数

**教科書ぴったりトレーニング**
▶3分でまとめ動画

巻末 夏のチャレンジテスト／冬のチャレンジテスト／春のチャレンジテスト／学力診断テスト
別冊 答えとてびき

とりはずして
お使いください

## ① 整数と小数

3分でまとめ

教科書　10〜13ページ　　答え　1ページ

✏ 次の □ にあてはまる数をかきましょう。

🎯ねらい　10倍、100倍、1000倍した数を求められるようにしよう。　練習 ① ② ③ →

🐾 10倍、100倍、1000倍した数

　整数や小数を、10倍、100倍、1000倍すると、小数点は右にそれぞれ1けた、2けた、3けた移ります。

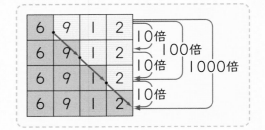

**1**　5.184 を 10倍、100倍、1000倍した数をかきましょう。

解き方　5.184 を 10倍すると、小数点は右に1けた移り、
　□　になります。

5.184

　5.184 を 100倍すると、小数点は右に2けた移り、
　□　になります。

5.184

　5.184 を 1000倍すると、小数点は右に3けた移り、
　□　になります。

5.184

🎯ねらい　$\frac{1}{10}$、$\frac{1}{100}$、$\frac{1}{1000}$ にした数を求められるようにしよう。　練習 ④ ⑤ →

🐾 $\frac{1}{10}$、$\frac{1}{100}$、$\frac{1}{1000}$ にした数

　整数や小数を、$\frac{1}{10}$、$\frac{1}{100}$、$\frac{1}{1000}$ にすると、小数点は左にそれぞれ1けた、2けた、3けた移ります。

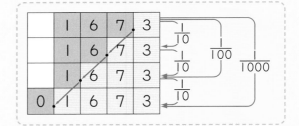

**2**　352.6 を $\frac{1}{10}$、$\frac{1}{100}$、$\frac{1}{1000}$ にした数をかきましょう。

解き方　352.6 を $\frac{1}{10}$ にすると、小数点は左に1けた移り、
　□　になります。

352.6

　352.6 を $\frac{1}{100}$ にすると、小数点は左に2けた移り、
　□　になります。

352.6

　352.6 を $\frac{1}{1000}$ にすると、小数点は左に3けた移り、
　□　になります。

352.6

**1** □にあてはまる数をかきましょう。

教科書 11ページ

7.28 の、一の位の数字は ① [ ]、 $\frac{1}{10}$ の位の数字は ② [ ]、

$\frac{1}{100}$ の位の数字は ③ [ ] です。

**2** 10倍、100倍、1000倍の数をかきましょう。

教科書 12ページ **3**

① 0.037

　　　10倍 （　　　　　）

　　　100倍 （　　　　　）

　　　1000倍 （　　　　　）

② 0.8

　　　10倍 （　　　　　）

　　　100倍 （　　　　　）

　　　1000倍 （　　　　　）

**3** 次の計算をしましょう。

教科書 12ページ **6**

① 0.45×10

② 8.79×100

③ 0.16×1000

小数点は、右に何けた移るかな。

**4** $\frac{1}{10}$、$\frac{1}{100}$、$\frac{1}{1000}$ の数をかきましょう。

教科書 13ページ **7**

① 30.5

　$\frac{1}{10}$ （　　　　　）

　$\frac{1}{100}$ （　　　　　）

　$\frac{1}{1000}$ （　　　　　）

② 90

　$\frac{1}{10}$ （　　　　　）

　$\frac{1}{100}$ （　　　　　）

　$\frac{1}{1000}$ （　　　　　）

**5** 次の計算をしましょう。

教科書 13ページ **10**

① 8.6÷10

② 28.3÷100

③ 51.4÷1000

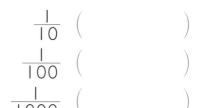 ❶ 小数のしくみは整数のしくみと同じです。

3

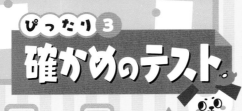 

# ① 整数と小数

📖教科書 10〜15ページ　🔲答え 2ページ

知識・技能　／78点

**1** 次の数の 10倍、100倍、1000倍の数をかきましょう。　全部できて 1問3点(6点)

① 2.985

　　　　10倍 (　　　　　　)　100倍 (　　　　　　)　1000倍 (　　　　　　)

② 0.7

　　　　10倍 (　　　　　　)　100倍 (　　　　　　)　1000倍 (　　　　　　)

**2** 次の数は、4.13 を何倍した数ですか。　各3点(9点)

① 413　　　　　　② 41.3　　　　　　③ 4130

　　　(　　　　　)　　　　(　　　　　)　　　　(　　　　　)

**3** よく出る 次の数の $\frac{1}{10}$、$\frac{1}{100}$、$\frac{1}{1000}$ の数をかきましょう。　全部できて 1問3点(6点)

① 16.82

　$\frac{1}{10}$ (　　　　)　$\frac{1}{100}$ (　　　　)　$\frac{1}{1000}$ (　　　　)

② 80

　$\frac{1}{10}$ (　　　　)　$\frac{1}{100}$ (　　　　)　$\frac{1}{1000}$ (　　　　)

**4** 次の数は、52.4 の何分の1の数ですか。　各3点(9点)

① 0.0524　　　　　② 0.524　　　　　③ 5.24

　　　(　　　　　)　　　　(　　　　　)　　　　(　　　　　)

**5** 次の計算をしましょう。　　　　　　　　　　　　　　各4点(24点)

① 0.63×10　　　② 2.97×100　　　③ 0.58×1000

④ 7.96×10　　　⑤ 0.33×100　　　⑥ 5.04×1000

**6** 次の計算をしましょう。　　　　　　　　　　　　　　各4点(24点)

① 7.6÷10　　　② 41.8÷100　　　③ 37.5÷1000

④ 29.4÷10　　　⑤ 6.05÷100　　　⑥ 74÷1000

思考・判断・表現　　　　　　　　　　　　　　　　　　／22点

**7** ある電車のもけいがあります。
　　このもけいの長さを 100 倍すると、もとの電車の長さの 20.8 m になります。
　　このもけいの長さは何 cm ですか。　　　　　　　　(4点)

（　　　　　　　）

**8** 右の□に、1、3、5、7のカードを1まいずつあてはめて小数をつくります。
　　　　　　　　　　　　　　　　　　　　　　　　　各6点(18点)

① いちばん小さい数をかきましょう。

（　　　　　　　）

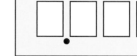

② いちばん大きい数をかきましょう。

（　　　　　　　）

③ 2番目に小さい数をかきましょう。

（　　　　　　　）

ふりかえり 1①がわからないときは、2ページの1にもどって確にんしてみよう。

## ぴったり1 準備
3分でまとめ

② 体 積

① 直方体・立方体の体積－(1)

学習日　　月　　日

📖教科書　16〜19ページ　　▤答え　2ページ

✏ 次の ▢ にあてはまる数をかきましょう。

🎯ねらい 体積の意味、体積の単位 $cm^3$ を理解しよう。　　練習 ①→

🐾 **体積**

かさのことを**体積**といいます。

$1 cm^3$ ⟶ $1$ 辺が $1 cm$ の立方体の体積
└→ 1立方センチメートル

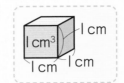

**1** 1辺が1cmの立方体の積み木でつくった下の形の体積を求めましょう。

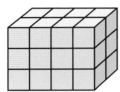

**解き方** 体積が $1 cm^3$ の立方体が何個分あるかで考えます。

1だん目は、 $2 \times$ ▢① $=$ ▢②（個）
　　　　たて　　横

それが3だんあるので、 ▢③ $\times 3 =$ ▢④（個）　　答え ▢⑤ $cm^3$

🎯ねらい 公式を使って、直方体や立方体の体積を求められるようにしよう。　　練習 ②③→

🐾 **体積の公式**

⭐直方体の体積＝たて×横×高さ
⭐立方体の体積＝1辺×1辺×1辺

**2** 次の直方体や立方体の体積を求めましょう。

(1)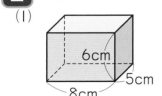

(2)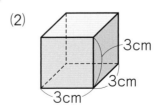

**解き方** それぞれ、公式にあてはめて求めます。

(1) $5 \times$ ▢① $\times$ ▢② $=$ ▢③　　　答え ▢④ $cm^3$
　　　たて　　　横　　　　高さ

(2) $3 \times$ ▢① $\times$ ▢② $=$ ▢③　　　答え ▢④ $cm^3$
　　　1辺　　　1辺　　　　1辺

教科書 16〜19 ページ ▷ 答え 2 ページ

**1** １辺が１cm の立方体の積み木を使って、下のような形をつくりました。
体積は何 cm³ ですか。

教科書 17 ページ **1**

①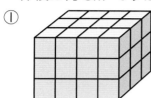

🔍 よくみて

②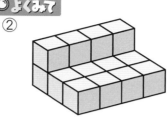

（　　　　　　　）　　　　　　　　　　（　　　　　　　）

**2** 次の直方体や立方体の体積を求めましょう。

教科書 19 ページ ▲

①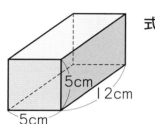

式

答え（　　　　　　　）

②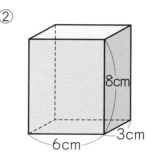

式

答え（　　　　　　　）

③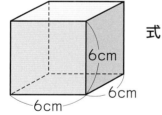

式

🔍 よくみて

④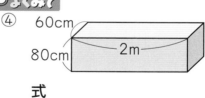

式

答え（　　　　　　　）　　　　　　　　　　答え（　　　　　　　）

**3** 次の体積を求めましょう。

教科書 19 ページ ▲

① たて２cm、横４cm、高さ９cm の直方体の体積
式

答え（　　　　　　　）

② １辺７cm の立方体の体積
式

答え（　　　　　　　）

 ヒント　**2** ④　単位を cm にそろえてから、公式を使って求めます。

# ぴったり1 準備

## ② 体積

### ① 直方体・立方体の体積ー(2)

✏ 次の ▢ にあてはまる数をかきましょう。

◎ねらい　容積の意味を理解しよう。　　練習 ①➡

🐾 容積

★いれものに、どれだけの体積のものがはいるかを考えるとき、その体積を、いれものの**容積**といいます。1Lますの容積は、10×10×10＝1000(cm³)より、**1L＝1000cm³**です。

★いれものの内側をはかった長さを**内のり**といいます。

**1** 内のりが、たて 20cm、横 40cm、深さ 30cm の水そうの容積は何 cm³ ですか。
また、何 L ですか。

**解き方** ▢① ×▢② ×▢③ ＝24000 より、24000 cm³
　　　たて　　　　横　　　　深さ

　　1000 cm³＝1L だから、24000 cm³＝▢④ L

◎ねらい　複雑な図形の体積の求め方を理解しよう。　　練習 ②③➡

🐾 複雑な図形の体積の求め方

直方体や立方体の体積の公式が
使えるように、くふうして求めます。
① いくつかの直方体や立方体に分けて
　考えます。（図1）
② つぎたして大きな直方体や立方体を
　考え、つぎたした部分の体積をひきます。
　（図2）

図1　　図2

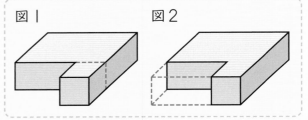

直方体や立方体に分ける方法は、
何とおりかあるよ。

**2** 右のような図形の体積を求めましょう。

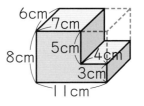

6cm
7cm
8cm
5cm
4cm
3cm
11cm

**解き方** 次のような方法があります。

**解き方1** 2つの直方体に分ける方法。
　たてに切って分けるか横に切って分けるかで、
　㋐、㋑の2とおりの求め方があります。

　㋐　6×7×8＋▢① ×▢② ×▢③ ＝408

　㋑　6×7×5＋▢④ ×▢⑤ ×▢⑥ ＝408

**解き方2** 大きな直方体から、青色の点線の部分をひく方法。

6×11×8－▢⑦ ×▢⑧ ×▢⑨ ＝408　　答え　408 cm³

教科書　20〜23 ページ　　答え　3 ページ

**1** 右のような直方体のいれものをつくりました。
このいれものの容積は何 cm³ ですか。
また、何 L ですか。　　教科書 20 ページ **1**、21 ページ **2**

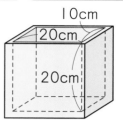
10cm
20cm
20cm

1L＝1000 cm³ で
あることを使おう。

（　　　　　　　cm³）

（　　　　　　　L）

**2** 右のような図形の体積を2とおりの方法で求めましょう。
また、それぞれの考え方を図にかき入れましょう。
教科書 22 ページ **1**

式

答え（　　　　　　　）

6cm
4cm
2cm
3cm
2cm

式

答え（　　　　　　　）

6cm
4cm
2cm
3cm
2cm

🔍 よくみて

**3** 次のような図形の体積をくふうして求めましょう。
教科書 22 ページ **1**、23 ページ **2**

①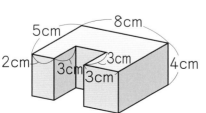
5cm
8cm
2cm
3cm
3cm
3cm
4cm

②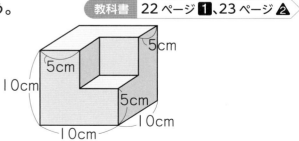
5cm
5cm
10cm
5cm
10cm
10cm

（　　　　　　　）　　　　　　（　　　　　　　）

 ヒント　**3** 大きな直方体や立方体から、つぎたした部分の体積をひいて
求めるほうが、計算がかんたんになります。

📖 教科書 **24〜26ページ**　　📋 答え **3ページ**

✏️ 次の◯◯にあてはまる数をかきましょう。

◎ **ねらい** 体積の単位 m³ や、m³ と cm³ の関係を理解<small>りかい</small>しよう。　　練習 ❶ ❷ ❸→

１m³ ⟶ １辺が１m の立方体の体積
└ 立方メートル

１m³ は、１辺が１00cm の立方体の体積だから、
100×100×100＝1000000 より、
**１m³＝1000000 cm³** です。

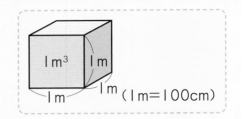

**1** 右の直方体や立方体の
体積は何 m³ ですか。

(1) 2m 2m 2m

(2) 2m 6m 4m

**解き方** (1) 立方体の体積＝１辺×１辺×１辺
式 ①◯◯ × ②◯◯ × ③◯◯ ＝ ④◯◯
答え ⑤◯◯ m³

(2) 直方体の体積＝たて×横×高さ
式 ①◯◯ × ②◯◯ × ③◯◯ ＝ ④◯◯
答え ⑤◯◯ m³

**2** たて３m、横５m、高さ２m の直方体の体積は何 m³ ですか。
また、何 cm³ ですか。

**解き方** ①◯◯ × ②◯◯ × ③◯◯ ＝30 より、30 m³
たて　　　横　　　高さ
１m³＝1000000 cm³ だから、30 m³＝④◯◯ cm³

◎ **ねらい** 体積の単位の関係を理解しよう。　　練習 ❷ ❸→

長さの単位と体積の単位の間には、
右のような関係があります。

| １辺の長さ | １cm | — | 10cm | １m |
|---|---|---|---|---|
| 正方形の面積 | １cm² | — | 100cm² | １m² |
| 立方体の体積 | １cm³ | 100cm³ | 1000cm³ | １m³ |
|  | １mL | １dL | １L | １kL |

**3** 次の体積は何 L ですか。

(1) １kL＝□L

(2) １dL＝$\frac{1}{□}$L

**解き方** (1) １kL は、１L の ◯◯ 倍です。
答え ◯◯ L

(2) １dL は、１L の $\frac{1}{◯◯}$ です。
答え ◯◯ L

教科書 24〜26 ページ ▶ 答え 3 ページ

**1** 次の直方体や立方体の体積を求めましょう。

教科書 24 ページ ▲

① 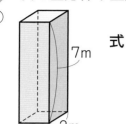 式

7m
2m　2m

答え （　　　　　）

②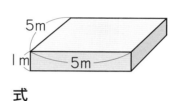

3m
2m
6m

式

答え （　　　　　）

③ 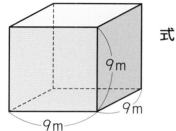 式

9m
9m
9m

答え （　　　　　）

④

5m
1m　5m

式

答え （　　　　　）

! まちがい注意

**2** 次の □ にあてはまる数をかきましょう。

教科書 24 ページ ▲、26 ページ ■

① 2 m³ = □ cm³

② 53000000 cm³ = □ m³

③ 0.6 m³ = □ cm³

④ 450000 cm³ = □ m³

⑤ 1 dL = □ mL

⑥ 1 mL = $\dfrac{1}{\square}$ L

🔍 よくみて

**3** 下の直方体の体積は、20000 L です。この直方体の高さは、何 m ですか。

教科書 24 ページ ▲、26 ページ ■

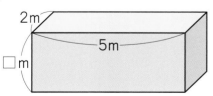

2m
5m
□m

1000 L（1 kL）は 1 m³
だから、
20000 L は…

（　　　　　）

● ヒント　③ 2×5×□＝20 の□にあてはまる数を求めます。

11

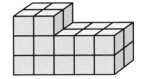

教科書 16〜29 ページ　答え 3 ページ

知識・技能　　　　　　　　　　　　　　　　　　　　　　　／80点

**1**　１辺が１cm の立方体の積み木を使って、右のような形を
つくりました。

体積は何 cm³ ですか。　　　　　　　　　　　　　　　（4点）

（　　　　　　　　　）

**2**　次の □ にあてはまる数をかきましょう。　　　各4点（16点）

① 7 m³ = [　　　　　] cm³

② [　　　　　] m³ = 85000000 cm³

③ 3.9 m³ = [　　　　　] cm³

④ [　　　　　] m³ = 280000 cm³

**3**　よく出る　次の体積を求めましょう。　　　式・答え 各5点（40点）

① たて３cm、横８cm、高さ１０cm の直方体の体積

式

答え（　　　　　　　　　）

② １辺 20 cm の立方体の体積

式

答え（　　　　　　　　　）

③ たて５m、横７m、高さ８m の直方体の体積

式

答え（　　　　　　　　　）

④ １辺４m の立方体の体積

式

答え（　　　　　　　　　）

**4**  次のような図形の体積を求めましょう。　　　　　　　　各5点（20点）

①

10cm　4cm　4cm　8cm　6cm

（　　　　　　　）

②

4cm　3cm　3cm　2cm　4cm　4cm　4cm　9cm

（　　　　　　　）

③

13cm　9cm　7cm　14cm　3cm　5cm　6cm

（　　　　　　　）

④

10m　10m　10m　10m　30m　30m　30m

（　　　　　　　）

---

思考・判断・表現　　　　　　　　　　　　　　　　／20点

**5** 内のりが、たて 30 cm、横 60 cm、深さ 40 cm の直方体の形をした水そうがあります。

各5点（10点）

① この水そうの容積は何 cm³ ですか。

（　　　　　　　）

② この水そうに深さ 15 cm まで水を入れると、水の体積は何 L になりますか。

（　　　　　　　）

**6** たて 8cm、横 4cm の直方体があります。　　　　　　各5点（10点）
① 体積が 160 cm³ のとき、高さは何 cm ですか。

（　　　　　　　）

**できたらスゴイ！**
② 1辺 8cm の立方体と体積が同じになるとき、高さは何 cm ですか。

（　　　　　　　）

**ふりかえり**　❶がわからないときは、6ページの ❶ にもどって確にんしよう。

13

教科書 30〜33 ページ　答え 4 ページ

✏ 次の◯にあてはまることばをかきましょう。

◎ねらい ともなって変わる2つの数量の関係を調べよう。　練習 1→

🐾 比例（ひれい）

　横の長さがきまっている長方形の面積は、たての長さが2倍、3倍、……になると、それにともなって面積も2倍、3倍、……になります。
　このようなとき、面積はたての長さに**比例する**といいます。

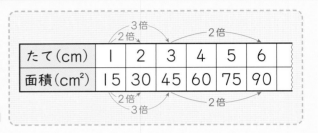

| たて(cm) | 1 | 2 | 3 | 4 | 5 | 6 |
|---|---|---|---|---|---|---|
| 面積(cm²) | 15 | 30 | 45 | 60 | 75 | 90 |

**1** 　辞典やバケツを積み重ねたときの、積む数と全体の高さの関係を調べたところ、下の表のようになりました。

| 辞典の数(さつ) | 1 | 2 | 3 | 4 | 5 | 6 |
|---|---|---|---|---|---|---|
| 全体の高さ(cm) | 4 | 8 | 12 | 16 | 20 | 24 |

| バケツの数(個) | 1 | 2 | 3 | 4 | 5 | 6 |
|---|---|---|---|---|---|---|
| 全体の高さ(cm) | 16 | 18 | 20 | 22 | 24 | 26 |

(1)　辞典の全体の高さは、辞典の数に比例しますか。

(2)　バケツの全体の高さは、バケツの数に比例しますか。

解き方 (1)　辞典の数が2倍、3倍、……になると、全体の高さも2倍、3倍、……になるので、比例◯◯◯。

(2)　バケツの数が2倍、3倍、……になっても、全体の高さは2倍、3倍、……にならないので、比例◯◯◯。

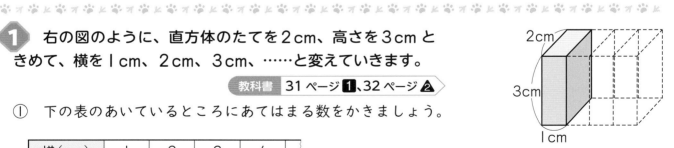

**1** 　右の図のように、直方体のたてを2cm、高さを3cmときめて、横を1cm、2cm、3cm、……と変えていきます。

教科書 31 ページ 1、32 ページ 2

① 　下の表のあいているところにあてはまる数をかきましょう。

| 横(cm) | 1 | 2 | 3 | 4 |
|---|---|---|---|---|
| 体積(cm³) | 6 | | | |

② 　横の長さが2倍、3倍、……になると、体積はどうなりますか。

（　　　　　　　　　　）

③ 　直方体の体積は、横の長さに比例しますか。

（　　　　　　　　　　）

14

ぴったり3
確かめのテスト
③ 比 例

時間 20 分
／100
合格 80 点

教科書 30〜33 ページ　　答え 4 ページ

**知識・技能** ／45点

**1** よく出る 重さが 30 g の箱に、1個の重さが 50 g のボールを入れるときの、ボールの数と全体の重さの関係を調べます。

全部できて 1問15点(45点)

① 下の表のあいているところにあてはまる数をかきましょう。

| ボールの数（個） | 1 | 2 | 3 | 4 |
|---|---|---|---|---|
| 全体の重さ(g) | 80 | | | |

② ボールの数が1個増えると、全体の重さは何 g 増えますか。

（　　　　　　　）

③ 全体の重さは、ボールの数に比例しますか。

（　　　　　　　）

**思考・判断・表現** ／55点

**2** 1 m のねだんが 90 円のテープがあります。
テープの長さと代金の関係を調べます。

全部できて 1問11点(55点)

① 下の表のあいているところにあてはまる数をかきましょう。

| 長さ(m) | 1 | 2 | 3 | 4 |
|---|---|---|---|---|
| 代金（円） | 90 | | | |

② 長さが2倍、3倍、……になると、代金はどうなりますか。

（　　　　　　　）

③ 代金は長さに比例しますか。

（　　　　　　　）

④ 長さが 12 m のときの代金を求める式をかきましょう。

（　　　　　　　）

できたらスゴイ！
⑤ 代金が 900 円になるのは、長さが何 m のときですか。

（　　　　　　　）

**4 小数のかけ算**

**① 整数×小数**

教科書 34〜39 ページ　答え 5 ページ

✏ 次の ◯ にあてはまる数や式をかきましょう。

◎ **ねらい** 小数をかける計算のしかたを理解しよう。　　練習 ① ② →

🐾 **小数をかける計算のしかた**

　小数をかける計算は、整数をかける計算のしかたをもとにして考えます。

　右の 60×2.4 の計算では、2.4 を 10 倍すると積も 10 倍になるので、その積を 10 でわります。

$$60×2.4=(60×24)÷10$$
$$=1440÷10$$
$$=144$$

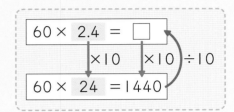

**1** 4×0.7 を計算しましょう。

**解き方** 0.7 を 10 倍して、4×7 をもとにして考えます。

$$4×0.7=(4×7)÷\boxed{\phantom{00}}$$
$$=28÷\boxed{\phantom{00}}$$
$$=\boxed{\phantom{00}}$$

◎ **ねらい** かける数と積の大きさの関係を理解しよう。　　練習 ③ →

🐾 **積の大きさ**

⭐ かける数 > 1 のとき、積 > かけられる数

⭐ かける数 = 1 のとき、積 = かけられる数

⭐ かける数 < 1 のとき、積 < かけられる数

**2** 次のかけ算の式を あ、い、う に分けましょう。

| 35×0.8 | 35×1 | 35×1.4 | 35×1.9 | 35×0.2 |

| あ　積 > 35　　い　積 = 35　　う　積 < 35 |

**解き方** あ になるのは、かける数 > 1 のときだから、① ◯ と ② ◯

　　　い になるのは、かける数 = 1 のときだから、③ ◯

　　　う になるのは、かける数 < 1 のときだから、④ ◯ と ⑤ ◯

📖 教科書 **34～39 ページ** ▷ 答え **5 ページ**

**1** 次の計算をしましょう。

教科書 **36 ページ ❷**

① 5×0.9

② 2×1.6

③ 30×2.7

④ 70×0.8

⑤ 400×0.4

⑥ 600×1.2

**2** 1 m の重さが 300 g のパイプがあります。

教科書 **37 ページ ❸**

① このパイプ 0.6 m の重さは何 g ですか。

式

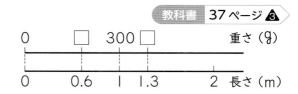

答え （　　　　　　　）

② このパイプ 1.3 m の重さは何 g ですか。

式

答え （　　　　　　　）

!まちがい注意

**3** 次のかけ算の式を㋐、㋑、㋒に分けましょう。

教科書 **39 ページ ❷**

| 15×3 | 15×0.7 | 15×0.5 | 15×1 | 15×1.6 |

㋐ 積＞15　　㋑ 積＝15　　㋒ 積＜15

㋐ （　　　　　　　　　　　　　　）

㋑ （　　　　　　　　　　　　　　）

㋒ （　　　　　　　　　　　　　　）

●ヒント● ❸ かける数が 1 より大きいか小さいかで判断します。

✏ 次の □ にあてはまる数をかきましょう。

🎯ねらい 小数×小数の計算のしかたを理解しよう。 　　　　練習 **1**➡

🐾 **小数×小数の計算のしかた**

かけられる数とかける数の両方を何倍かして、整数にしてから考えます。

**1** 1.3×0.6 を計算しましょう。

解き方 1.3 と 0.6 の両方を 10 倍して、整数にしてから
考えると、

$1.3×0.6=(13×6)÷\boxed{\phantom{00}}$ ←積も(10×10)倍になる。

$\phantom{1.3×0.6}=78÷\boxed{\phantom{00}}=\boxed{\phantom{00}}$

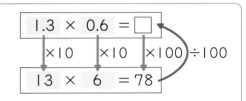

$$1.3 × 0.6 = \boxed{\phantom{0}}$$
×10　×10　×100）÷100
$$13 × 6 = 78$$

🎯ねらい 小数をかける筆算のしかたを理解しよう。 　　　　練習 **2 3**➡

🐾 **小数をかける筆算のしかた**

① 整数のかけ算の筆算と同じように、右にそろえてかきます。

② 小数点がないものとみて、計算します。

③ 積の小数点から下のけた数は、かけられる数とかける数の<u>小数点から下のけた数の和</u>にします。

**2** (1) 3.2×2.4 (2) 2.6×0.45 (3) 0.19×0.05 を筆算でしましょう。

解き方 (1)
```
    3.2
  ×2.4
  1 2 8
  6 4
  7.6 8
```
❶ 3.2 は小数点から下のけた数が $\boxed{1}$
❷ 2.4 も小数点から下のけた数が $\boxed{1}$ ─和
❸ 答えの小数点から下のけた数は $\boxed{\phantom{00}}$
❹ 768 に小数点をうって、答えは $\boxed{\phantom{00}}$

積の小数点
はどこに
うつのかな。

(2)
```
    2.6
  ×0.45
  1 3 0
  1 0 4
  1.1 7 0
```
❶ 2.6 は小数点から下のけた数が $\boxed{1}$
❷ 0.45 は小数点から下のけた数が $\boxed{2}$ ─和
❸ 答えの小数点から下のけた数は $\boxed{\phantom{00}}$
❹ 1170 に小数点をうって、0はとって、答えは $\boxed{\phantom{00}}$

(3)
```
    0.19
  ×0.05
  0.0 0 9 5
```
❶ 0.19 は小数点から下のけた数が $\boxed{2}$
❷ 0.05 も小数点から下のけた数が $\boxed{2}$ ─和
❸ 答えの小数点から下のけた数は $\boxed{\phantom{00}}$
❹ 95 に小数点をうって、答えは $\boxed{\phantom{00}}$
└ 0をつけたします。

教科書 40〜42 ページ 　⏩ 答え 　5 ページ

**1** 次の計算をしましょう。

教科書 40 ページ ③・④

① 0.8×0.6

② 0.2×0.5

③ 1.7×0.3

④ 20×0.9

⑤ 2.3×0.04

⑥ 0.7×0.06

**2** 次の計算をしましょう。

教科書 41 ページ ❶・❷

①
```
   5.3
×  1.8
```

②
```
   4.7
×  6.2
```

③
```
   0.2 3
×    7.2
```

④
```
   0.3 5
×    3.7
```

⑤
```
   3.9
×0.5 4
```

⑥
```
   8.6
×0.6 3
```

**3** 次の計算をしましょう。

教科書 42 ページ ❺・❼

①
```
   3.2
×0.4 5
```

②
```
   0.0 8
×    6.5
```

③
```
   0.3 4
×0.1 4
```

④
```
   0.0 3
×0.2 9
```

⑤
```
     6 2
×2.4 3
```

⑥
```
     0.7
×1.6 2
```

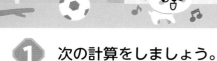ヒント

❶ ⑤⑥　かけられる数を 10 倍、かける数を 100 倍したとき、積は
何分の 1 にすればよいかを考えます。

**4 小数のかけ算**

## ③ 小数のかけ算を使って

教科書 44〜47ページ　答え 5ページ

✏️ 次の◯にあてはまる数をかきましょう。

🎯ねらい 辺の長さが小数のときの面積や体積の求め方を理解しよう。　練習 ①→

🐾 **面積や体積の公式**

　面積や体積を求めるとき、辺の長さが小数であっても、
面積や体積の公式を使って求めることができます。

**1** 次の面積や体積を求めましょう。

(1) たて 3.6 cm、横 4.2 cm の長方形のカードの面積

(2) たて 8.5 m、横 7 m、高さ 2.2 m の直方体の体積

長さが整数の
ときと同じように
すればいいんだね。

解き方 (1) 長方形の面積の公式にあてはめます。　←長方形の面積＝たて×横

式 ①□ × ②□ = ③□　　　答え ④□ cm²

(2) 直方体の体積の公式にあてはめます。　←直方体の体積＝たて×横×高さ

式 ①□ × ②□ × ③□ = ④□　　　答え ⑤□ m³

🎯ねらい 計算のきまりを使って、くふうして計算できるようにしよう。　練習 ②③→

🐾 **計算のきまり**　整数のときの計算のきまりは、小数のときにも成り立ちます。

あ ■＋●＝●＋■　　　　　　　　い (■＋●)＋▲＝■＋(●＋▲)

う ■×●＝●×■　　　　　　　　え (■×●)×▲＝■×(●×▲)

お (■＋●)×▲＝■×▲＋●×▲　　か (■－●)×▲＝■×▲－●×▲

**2** 計算のきまりを使って、くふうして計算しましょう。

(1) 1.7＋7.8＋1.3　　　　　　　(2) 99×1.5

解き方 (1) 計算のきまりあ、いを使うと、

$$1.7＋7.8＋1.3＝7.8＋1.7＋1.3$$
$$＝7.8＋(1.7＋1.3)$$
$$＝7.8＋\boxed{\phantom{0}}$$
$$＝\boxed{\phantom{0}}$$

(2) 99＝100－1 と考え、計算のきまりかを使うと、

$$99×1.5＝(100－1)×1.5$$
$$＝100×1.5－1×1.5$$
$$＝\boxed{\phantom{0}}－\boxed{\phantom{0}}$$
$$＝\boxed{\phantom{0}}$$

99＋1＝100だね。

教科書 44〜47 ページ 　答え 6 ページ

**1** 次の面積や体積を求めましょう。

教科書 44 ページ **1**

① たて 3.3 cm、横 5.4 cm の長方形の面積

式

答え（　　　　　　　）

② 1辺 2.5 m の正方形の面積

式

答え（　　　　　　　）

③ たて 4 cm、横 8.4 cm、高さ 4.5 cm の直方体の体積

式

答え（　　　　　　　）

④ 1辺 3.8 cm の立方体の体積

式

答え（　　　　　　　）

**2** 計算のきまりを使って、くふうして計算しましょう。

教科書 47 ページ **3**

① 2.8＋29.5＋1.2

② 0.5×4.9×2

③ 6.69×0.8－1.69×0.8

④ 102×4.5

**3** 25×4＝100、125×8＝1000 です。
このことを使って、くふうして次の計算をしましょう。

教科書 47 ページ **4**

① 2.5×2.4

② 1.25×5.6

●ヒント　**3** かけられる数とかける数を 10 倍、100 倍して整理します。
そのあと、「4×□＝24」、「8×□＝56」の□にはいる数を考えましょう。

④ 小数のかけ算

時間 **30** 分

／100

合格 **80** 点

教科書 34〜49 ページ　　答え 6 ページ

**知識・技能**　　　　　　　　　　　　　　　　　　　　　　　／82点

**1** ☐にあてはまる数をかきましょう。　　　　　全部できて 1問3点(6点)

①　2.3×0.3＝(23×3)÷☐＝☐

②　1.6×0.05＝(16×5)÷☐＝☐

**2** 68×53＝3604 です。
　このことを使って、次の計算をしましょう。　　　　　各3点(9点)

①　68×5.3　　　　　②　6.8×5.3　　　　　③　0.68×0.53

**3** よく出る どの☐にも0でない同じ数がはいります。
積が☐にはいる数より小さくなるのはどれですか。　　　　(4点)

あ　　　　　　い　　　　　　う　　　　　　え
☐×3.6　　　☐×0.96　　☐×0.06　　☐×1.02

（　　　　　　　）

**4** よく出る 次の計算をしましょう。　　　　　各3点(9点)

①　0.4×0.9　　　　②　7×0.3　　　　　③　0.8×0.07

**5** よく出る 次の計算をしましょう。　　　　　各4点(24点)

①　　3.4
　　×2.7

②　　0.4 2
　　×　7.6

③　　5.8
　　×0.6 4

④　　8.4
　　×0.6 5

⑤　　0.4 5
　　×　9.2

⑥　　0.0 9
　　×6.8 9

**6** 次の問題に答えましょう。　　　　　　　　　　　式・答え　各3点(24点)

① たて 9.5 m、横 7.8 m の長方形の土地の面積は何 m² ですか。

式

答え（　　　　　）

② 1辺 8.2 cm の正方形の面積は何 cm² ですか。

式

答え（　　　　　）

③ たて 5.2 cm、横 4.5 cm、高さ 3 cm の直方体の体積は何 cm³ ですか。

式

答え（　　　　　）

④ 1辺 2.6 m の立方体の体積は何 m³ ですか。

式

答え（　　　　　）

**7** 計算のきまりを使って、くふうして計算しましょう。　　　　各3点(6点)

① 3.9＋2.3＋6.1　　　　　　② 4.46×0.9＋1.54×0.9

思考・判断・表現　　　　　　　　　　　　　　　　　／18点

**8** 1 m のねだんが 80 円のひもを 4.2 m 買います。
500 円玉を出したときのおつりは何円ですか。　　　式・答え　各3点(6点)

式

答え（　　　　　）

できたらスゴイ！

**9** ある数に 14.2 をかけるところを、まちがえて 14.2 をたしたので、
答えが 16.7 になりました。　　　　　　　　　　　式・答え　各3点(12点)

① ある数を求めましょう。

式

答え（　　　　　）

② 正しい答えを求めましょう。

式

答え（　　　　　）

ふりかえり　●①がわからないときは、18 ページの 1 にもどって確にんしてみよう。

付録の「計算せんもんドリル」 1 〜 7 もやってみよう！

3分でまとめ

① 整数÷小数

教科書 | 52～57ページ　答え | 7ページ

✏ 次の◯にあてはまる数や式をかきましょう。

🎯ねらい 小数でわる計算のしかたを理解しよう。　練習 ① ② ③ →

🐾 小数でわる計算のしかた

　小数でわる計算では、わられる数とわる数に同じ数を
かけても商は変わらないというわり算の性質を使います。
　右の 84÷2.8 の計算では、84 と 2.8 の両方を
10 倍して、わる数を整数にしても、商は変わりません。

$84÷2.8=(84×10)÷(2.8×10)$
$　　　　=840÷28$
$　　　　=30$

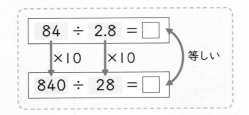

$$84 ÷ 2.8 = \boxed{\phantom{0}}$$
×10　×10　等しい
$$840 ÷ 28 = \boxed{\phantom{0}}$$

**1** 360÷0.6 を計算しましょう。

解き方 わられる数とわる数の両方を 10 倍して計算します。

$360÷0.6=(360×\boxed{\phantom{00}})÷(0.6×\boxed{\phantom{00}})$
$　　　　=3600÷6$
$　　　　=\boxed{\phantom{00}}$

🎯ねらい わる数と商の大きさの関係を理解しよう。　練習 ④ →

🐾 商の大きさ

⭐わる数＞1のとき、商＜わられる数
⭐わる数＝1のとき、商＝わられる数
⭐わる数＜1のとき、商＞わられる数

**2** 次のわり算の式をあ、い、うに分けましょう。

18÷0.9　　　18÷1.2　　　18÷0.4　　　18÷1　　　18÷9

あ 商＞18　　い 商＝18　　う 商＜18

解き方 あになるのは、わる数＜1のときだから、① \boxed{\phantom{000}} と ② \boxed{\phantom{000}}

　　　いになるのは、わる数＝1のときだから、③ \boxed{\phantom{000}}

　　　うになるのは、わる数＞1のときだから、④ \boxed{\phantom{000}} と ⑤ \boxed{\phantom{000}}

★ できた問題には、「た」をかこう！★

 でき ①  でき ② でき ③ でき ④

教科書 | 52〜57ページ ⟩ ⊟答え | 7ページ

**①** 次の計算をしましょう。

教科書 | 54ページ **2**

① 78÷1.3

② 54÷2.7

③ 60÷1.5

④ 420÷1.4

⑤ 40÷0.8

⑥ 560÷0.7

**②** 1.8mで72円のリボンがあります。
このリボン1m分のねだんは何円ですか。

教科書 | 55ページ **3**

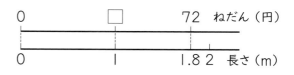

式

答え（　　　　　）

**③** 0.3mのはり金の重さをはかると、45gでした。
このはり金1m分の重さは何gですか。

式

教科書 | 56ページ **4・5**

答え（　　　　　）

**！まちがい注意**

**④** 次のわり算の式を㋐、㋑、㋒に分けましょう。

教科書 | 57ページ **2**

| 36÷0.2 | 36÷1.2 | 36÷0.6 | 36÷3 | 36÷1 |

| ㋐ 商＞36 | ㋑ 商＝36 | ㋒ 商＜36 |

㋐（　　　　　　　　　　　）

㋑（　　　　　　　　　　　）

㋒（　　　　　　　　　　　）

**ヒント** ④ わる数が1より大きいか小さいかで判断します。

**⑤ 小数のわり算**

**② 小数÷小数－(1)**

教科書 58〜60ページ 答え 7ページ

✏️ 次の ◯ にあてはまる数をかきましょう。

🎯 **ねらい** 小数÷小数の計算のしかたを理解しよう。　　練習 **①**→

🐾 **小数÷小数の計算のしかた**

わる数とわられる数の両方に同じ数をかけ、わる数を整数にして計算します。

**1** 0.75÷0.3 を計算しましょう。

**解き方** わる数とわられる数の両方を 10 倍して計算します。

$0.75÷0.3=(0.75×\boxed{\phantom{00}})÷(0.3×\boxed{\phantom{00}})$

$\phantom{0.75÷0.3}=7.5÷3=\boxed{\phantom{00}}$

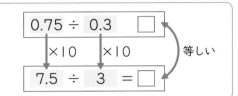

🎯 **ねらい** 小数でわる筆算のしかたを理解しよう。　　練習 **② ③**→

🐾 **小数でわる筆算のしかた**

わる数とわられる数の小数点を同じけた数だけ右に移し、わる数を整数にして計算します。

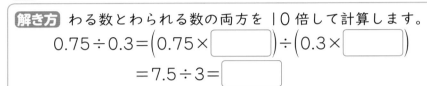

商の小数点は、わられる数の移した小数点にそろえてうちます。

**2** 7.36÷3.2 を筆算でしましょう。

**解き方**
```
      2.3
3.2)7.3.6
    6 4
      9 6
      9 6
        0
```

❶ わる数を $\boxed{\phantom{000}}$ 倍して 32 にします。
　└→3.2

❷ わられる数も $\boxed{\phantom{000}}$ 倍して 73.6 にします。
　└→7.36

❸ 32)73.6 の計算をします。

❹ 商の小数点は、わられる数の移した小数点にそろえてうつので、

　答えは $\boxed{\phantom{000}}$ になります。

**3** 1.53÷4.5 をわり切れるまで計算しましょう。

**解き方**
```
       0.34
4.5)1.5.3
    1 3 5
      1 8 0
      1 8 0
          0
```

❶ わる数を $\boxed{\phantom{000}}$ 倍して 45 にします。

❷ わられる数も $\boxed{\phantom{000}}$ 倍して 15.3 にします。

❸ 45)15.3 の計算をします。

❹ あまりの右に 0 をつけて、わり進めます。

❺ 商の小数点は、わられる数の移した小数点に

　そろえてうつので、答えは $\boxed{\phantom{000}}$ になります。

商の一の位
に 0 を
つけたそう。

教科書 58〜60 ページ　答え 7 ページ

### 1 次の計算をしましょう。

教科書 58 ページ ③・④

① 1.6÷0.8

② 2.2÷0.4

③ 27÷0.9

④ 0.18÷0.3

⑤ 3.5÷0.07

⑥ 0.01÷0.05

### 2 次の計算をしましょう。

教科書 59 ページ ❶・❷

① 1.7) 5.9 5

② 4.2) 2 4.7 8

③ 0.6 8) 9.5 2

④ 0.2 3) 1.3 8

⑤ 0.0 4) 3 4.8

⑥ 0.7 5) 2 4

### 3 わり切れるまで計算しましょう。

教科書 60 ページ ❺・❼

① 3.6) 1.2 6

② 2.5) 2.1

③ 1.2) 9

④ 2.1 2) 7.4 2

⑤ 4.0 5) 3.2 4

⑥ 1.7 5) 6.3

ヒント　① わられる数とわる数の両方にどんな数をかければよいかを考えます。

27

**ぴったり①**
# 準備
⑤ 小数のわり算
② 小数÷小数ー(2)
③ 計算の間の関係

学習日　　　月　　　日

教科書　61〜65ページ　答え　8ページ

✏️ 次の◯にあてはまる数をかきましょう。

🎯 **ねらい** 小数でわるわり算で、商を概数で求められるようにしよう。　　練習 ①➡

わり算でわり切れなかったり、けた数が多くなるときには、商を概数で表すことがあります。

**1** $9 \div 3.5$ の商を、四捨五入で、$\frac{1}{10}$ の位までの概数で表しましょう。

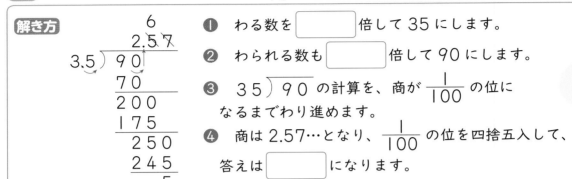

**解き方**

❶ わる数を◯倍して 35 にします。

❷ わられる数も◯倍して 90 にします。

❸ $35 \overline{)90}$ の計算を、商が $\frac{1}{100}$ の位になるまでわり進めます。

❹ 商は 2.57… となり、$\frac{1}{100}$ の位を四捨五入して、答えは◯になります。

商の小数点の位置は…

🎯 **ねらい** 小数でわるわり算で、商と余りを求められるようにしよう。　　練習 ②④➡

🐾 **商と余り**

小数でわる筆算では、余りの小数点の位置は、わられる数のもとの小数点と同じところです。

🐾 **答えの確かめ**　　わる数×商＋余り＝わられる数

**2** $35 \div 4.2$ の商を一の位まで求め、余りをかきましょう。また、答えを確かめましょう。

**解き方**
$$4.2 \overline{)35.0}$$
$$33.6$$
$$1.4$$

❶ わる数とわられる数を ① ◯ 倍して計算します。

❷ 商を一の位まで求めると、② ◯ になります。

❸ 余りは、小数点をわられる数のもとの小数点と同じところにつけて、③ ◯ になります。

❹ 答えを確かめると、④ ◯ × ⑤ ◯ ＋ ⑥ ◯ ＝ 35

わる数　　商　　余り　　わられる数

🎯 **ねらい** 計算の間の関係を理解しよう。　　練習 ③➡

＋、−、×、÷の計算の間には、次のような関係があります。

あ ■＋▲＝● ➡ ■＝●−▲　　い ■−▲＝● ➡ ■＝●＋▲

う ■×▲＝● ➡ ■＝●÷▲　　え ■÷▲＝● ➡ ■＝●×▲

**3** □＋2.7＝4.6 の□は、どんな計算で求められますか。

**解き方** 計算の関係あを使います。□＝◯−◯＝◯

ぴったり2
# 練習

★ できた問題には、「た」をかこう！★
でき ① でき ② でき ③ でき ④

学習日　　月　　日

教科書　61〜65ページ　　答え　9ページ

**1** 商を、四捨五入で、$\frac{1}{10}$ の位までの概数で表しましょう。　　教科書 61ページ ⑫

① $0.7\overline{)54}$

② $4.4\overline{)8.31}$

③ $0.29\overline{)6.27}$

答え（　　　　　）　　答え（　　　　　）　　答え（　　　　　）

**2** 商を一の位まで求め、余りをかきましょう。また、答えを確かめましょう。

教科書 62ページ ②

① $2.8\overline{)36}$

② $3.3\overline{)27.2}$

③ $4.2\overline{)6.54}$

答え（　　　　　）　　答え（　　　　　）　　答え（　　　　　）

確かめ　　　　　　　　確かめ　　　　　　　　確かめ

（　　　　　）　（　　　　　）　（　　　　　）

**3** 次の□は、どんな計算で求められますか。式をかきましょう。

教科書 64ページ **1**、65ページ ▲

① □＋1.8＝4

② □−4.7＝2.3

□＝（　　　　　）

□＝（　　　　　）

③ □×2.3＝9.2

④ □÷3.5＝7

□＝（　　　　　）

□＝（　　　　　）

**4** 70 cm のリボンを 8.4 cm ずつに切ります。
何本できて、何 cm 余りますか。　　教科書 62ページ ③

式

答え（　　　　　）

**ヒント** ❶ $\frac{1}{100}$ の位を四捨五入しましょう。

⑤ 小数のわり算

教科書　52〜67 ページ　答え　9 ページ

知識・技能　　　　　　　　　　　　　　／70点

**1** ▢にあてはまる数をかきましょう。　　　　全部できて 1問5点(10点)

① $2.1 \div 0.7 = (2.1 \times \boxed{\phantom{00}}) \div (0.7 \times 10) = 21 \div 7 = \boxed{\phantom{00}}$

② $3.6 \div 0.04 = (3.6 \times \boxed{\phantom{00}}) \div (0.04 \times 100) = 360 \div 4 = \boxed{\phantom{00}}$

**2** よく出る 商が 68 より大きくなるものを選びましょう。　　　(5点)
$68 \div 1.09$　　$68 \div 0.82$　　$68 \div 1$　　$68 \div 0.67$

( 　　　　と　　　　 )

**3** 商が $855 \div 45$ と等しくなるのは、どれですか。　　　(5点)
あ　$8.55 \div 4.5$　　　　い　$85.5 \div 4.5$　　　　う　$85.5 \div 0.45$

( 　　　　 )

**4** よく出る 次の計算をしましょう。　　　　各5点(15点)
①　$3 \div 0.5$　　　　②　$0.39 \div 1.3$　　　　③　$5.4 \div 0.09$

**5** よく出る 次のわり算をしましょう。　　　各5点(15点)
①　わり切れるまで計算しましょう。

$1.4\,\overline{)\,11.9}$

②　商を、四捨五入で、$\frac{1}{10}$ の位までの概数で表しましょう。

$7.8\,\overline{)\,52}$

答え ( 　　　　　　 )　　　　　　答え ( 　　　　　　 )

③　商を一の位まで求め、余りをかきましょう。

$5.6\,\overline{)\,18}$

答え ( 　　　　　　 )

**6** 次の□は、どんな計算で求められますか。式をかきましょう。　　各5点(20点)

① □＋6.3＝9.1　　　　　　　　　　　② □－3.8＝0.9

　　　　　□＝(　　　　　　　　)　　　　　　□＝(　　　　　　　　)

③ □×2.5＝6.5　　　　　　　　　　　④ □÷3.2＝1.8

　　　　　□＝(　　　　　　　　)　　　　　　□＝(　　　　　　　　)

---

**思考・判断・表現**　　　　　　　　　　　　　　　　　　／30点

**7** 面積が 74.1 m² の長方形の土地があります。

横の長さは 7.8 m です。

たての長さは何 m ですか。　　　　　　　　　式・答え 各5点(10点)

式

　　　　　　　　　　　　　　　　　答え (　　　　　　　　)

**できたらスゴイ！**

**8** 20 L のジュースを、1.2 L はいるびんに分けていきます。

全部分けるには、びんは何本いりますか。　　　　式・答え 各5点(10点)

式

　　　　　　　　　　　　　　　　　答え (　　　　　　　　)

**9** 19.6 m のテープから、3.2 m のテープは何本とれて、何 m 余りますか。

　　　　　　　　　　　　　　　　　　　　　　式・答え 各5点(10点)

式

　　　　　　　　　　　　　　　　　答え (　　　　　　　　)

**ふりかえり** ❶がわからないときは、26 ページの **1** にもどって確にんしてみよう。

付録の「計算せんもんドリル」 8 ～ 17 もやってみよう！

教科書 68〜71ページ　答え 10ページ

✏ 次の□にあてはまる数をかきましょう。

◎ねらい 小数で割合を表すことができるようにしよう。

練習 ❶→

### 🐾割合

ある量をもとにして、くらべる量がもとにする量の何倍にあたるかを表した数を、**割合**といいます。

右の図で、21÷14＝1.5 だから、あのテープの長さは、⑰のテープの長さの 1.5 倍です。

↳ 14mを1としたときの割合

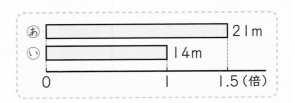

**1** 青のひもが 40m、赤のひもが 30m あります。
赤のひもの長さは、青のひもの長さの何倍ですか。

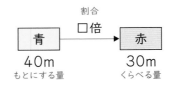

**解き方** 青のひもの長さ 40m を1としたときの大きさを
求めるから、

式 ①□ ÷ ②□ ＝ ③□

答え ④□ 倍

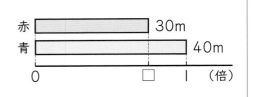

◎ねらい 割合を使って、くらべる量を求められるようにしよう。

練習 ❷ ❸→

右の図で、あのリボンの長さは、⑰のリボンの長さの 1.2 倍です。

このとき、あのリボンの長さは、
60×1.2＝72 より 72cm です。

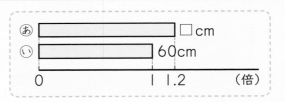

**2** 青のひもの長さは 0.8m です。
赤のひもの長さは、青のひもの長さの 0.7 倍です。
赤のひもの長さは、何m ですか。

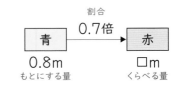

**解き方** 青のひもの長さを1としたとき、
赤のひもの長さは 0.7 にあたる大きさだから、

式 ①□ × ②□ ＝ ③□

答え ④□ m

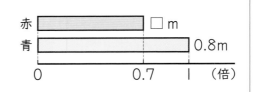

教科書　68〜71 ページ　　答え　10 ページ

**1** 12 cm の緑のリボンと 30 cm の黄のリボンがあります。

教科書　69 ページ **1**・**2**

① 黄のリボンの長さは、緑のリボンの長さの何倍ですか。

（　　　　　　　　）

② 緑のリボンの長さは、黄のリボンの長さの何倍ですか。

（　　　　　　　　）

**2** 長さのちがう赤、青、白のロープがあります。
　 赤のロープの長さは 20 m です。

教科書　69 ページ **2**、70 ページ **3**

① 青のロープの長さは、赤のロープの長さの 1.3 倍です。
　 このとき、青のロープの長さは何 m ですか。

（　　　　　　　　）

② 白のロープの長さは、赤のロープの長さの 0.8 倍です。
　 このとき、白のロープの長さは何 m ですか。

（　　　　　　　　）

**！まちがい注意**

③ 青のロープと白のロープをたした長さは、赤のロープの長さの何倍ですか。

（　　　　　　　　）

**3** りんごジュースは 4 dL で、オレンジジュースはその 0.9 倍あります。
　 オレンジジュースは何 dL ですか。

教科書　70 ページ **3**

（　　　　　　　　）

**ヒント** **2** 赤のロープの長さが、もとにする量です。

教科書　72〜75 ページ　答え　11 ページ

✏ 次の □ にあてはまる数をかきましょう。

◎ねらい　何倍かにあたる大きさから、もとにする量を求められるようにしよう。　練習 ①→

右の図で、㋐のテープの長さは 54 cm で、これは
㋑のテープの長さの 0.6 倍です。
このとき、㋑のテープの長さは、54÷0.6＝90 より、
90 cm と求められます。

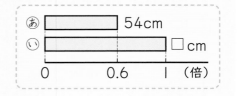

**1**　赤のリボンの長さは、青のリボンの長さの 1.4 倍で
70 cm です。
　　青のリボンの長さは、何 cm ですか。

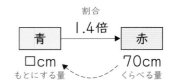

**解き方**　青のリボンの長さを 1 としたとき、
赤のリボンの長さは 1.4 にあたる大きさだから、

式　① □ ÷ ② □ ＝ ③ □

答え ④ □ cm

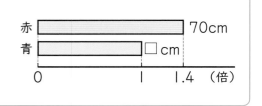

◎ねらい　何倍になるかを考えて、問題が解けるようにしよう。　練習 ②③→

割合を使って問題を考えるときは、数量の関係を図に表して、
それぞれの部分が全体の何倍になっているかを考えます。

**2**　1 周 3000 m のランニングコースがあります。
　　コース全体の長さの 0.3 倍が坂道の長さ、坂道の長さの 0.6 倍が下り坂の長さです。
　　下り坂の長さは何 m ですか。

**解き方**　数量の関係を図に表すと、下のようになります。

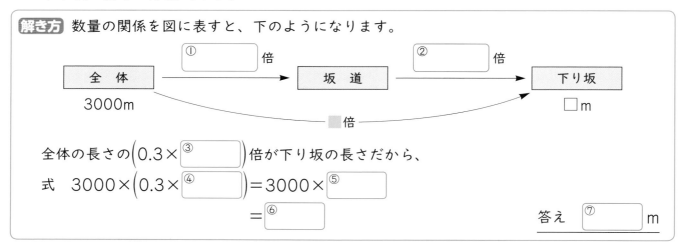

全体の長さの(0.3×③ □ )倍が下り坂の長さだから、

式　3000×(0.3×④ □ )＝3000×⑤ □

＝⑥ □

答え ⑦ □ m

教科書　72〜75 ページ　　答え　11 ページ

**1** 長さのちがう黄、白、緑のロープがあります。
白のロープの長さは 4.5 m です。

教科書　72 ページ 4

① 黄のロープの長さを 1 とすると、白のロープの長さは 1.25 にあたります。
黄のロープの長さは何 m ですか。

（　　　　　　　　）

② 緑のロープの長さを 1 とすると、白のロープの長さは 0.3 にあたります。
緑のロープの長さは何 m ですか。

（　　　　　　　　）

**2** ある小学校の 5 年生全体は 200 人です。
5 年生全体の人数の 0.5 倍が動物を飼っている人数、
動物を飼っている人数の 0.3 倍が犬を飼っている人数です。
5 年生で犬を飼っている人数は何人ですか。

教科書　74 ページ 1

（　　　　　　　　）

**！まちがい注意**

**3** 大、中、小の容積のちがう 3 つのバケツがあります。
バケツの容積をくらべると、小の容積の 1.5 倍が中の容積、
中の容積の 1.8 倍が大の容積でした。
大のバケツの容積が 13.5 L のとき、小のバケツの容積は何 L ですか。

教科書　75 ページ 2

（　　　　　　　　）

**ヒント** ❸ 小のバケツの容積の（1.5×1.8）倍が、大のバケツの容積 13.5 L
になることから考えます。

**❻ 割　合(1)**

**知識・技能**　　　　　　　　　　　　　　　　　　　　／40点

**❶** 右のような、あ、い、う、えの 4 つの荷物があります。

各5点(15点)

| 荷物の重さ | |
|---|---|
| あ | 28 kg |
| い | 42 kg |
| う | 35 kg |
| え | 14 kg |

① 重さが、あの荷物の 1.25 倍になっているのは、どの荷物ですか。

（　　　　　　　　）

② うの荷物の重さは、えの荷物の重さの何倍ですか。

（　　　　　　　　）

③ えの荷物の重さは、うの荷物の重さの何倍ですか。

（　　　　　　　　）

**❷** 2.4 L の 1.5 倍、2.9 倍、0.3 倍の量を、それぞれ求めましょう。　　　各5点(15点)

1.5 倍 （　　　　　　）　2.9 倍 （　　　　　　）　0.3 倍 （　　　　　　）

**❸** ゼリーの代金は 240 円で、プリンの代金の 1.2 倍です。
　プリンの代金は何円ですか。　　　　　　　　　　　　　　式・答え 各5点(10点)

**式**

答え （　　　　　　　　）

思考・判断・表現　　　　　　　　　　　　　　　　　　　　　　　／60点

**4** あかりさんは、リボンを 2m 使いました。これは、ゆうなさんの使ったリボンの長さの 0.8 倍です。ゆうなさんはリボンを何 m 使いましたか。　　　　式・答え 各6点(12点)

式

答え（　　　　　　　　　　）

**5** 赤のリボンの長さは 4.5m で、青のリボンの長さは 3m です。
また、白のリボンの長さは、赤のリボンの長さの 0.4 倍だそうです。　　　式・答え 各6点(24点)

① 赤のリボンの長さは、青のリボンの長さの何倍ですか。

式

答え（　　　　　　　　　　）

② 白のリボンの長さは何 m ですか。

式

答え（　　　　　　　　　　）

**6** ビルと木があります。
ビルの高さを 1 としたとき、木の高さは 0.3 にあたる大きさです。
木の高さが 4.8m のとき、ビルの高さは何 m ですか。

式・答え 各6点(12点)

式

答え（　　　　　　　　　　）

**7** 西小学校の全体の人数は 500 人です。
小学校全体の人数の 0.4 倍が姉妹のいる人数、
姉妹のいる人数の 0.6 倍が妹のいる人数です。
妹のいる人数は何人ですか。　　　　　　　　　　　　　　　　式・答え 各6点(12点)

式

答え（　　　　　　　　　　）

 **ふりかえり** ❶ がわからないときは、32 ページの **1** にもどって確にんしてみよう。

**3分でまとめ**

教科書 76～80ページ ⟶ 答え 12ページ

✏ 次の□にあてはまる記号や数、ことばをかきましょう。

🎯 **ねらい** 合同な三角形や四角形について理解しよう。

練習 ❶ ❷ ❸ ❹→

🐾 **合同な図形**

2つの図形がぴったり重なるとき、これらの図形は、**合同**であるといいます。

2つの合同な図形で、重なり合う頂点、辺、角を、それぞれ**対応する**頂点、対応する辺、対応する角といいます。

合同な図形では、対応する辺の長さは等しく、対応する角の大きさも等しくなっています。

**1** 右の⑤、⑥の2つの三角形は合同です。

次の(1)～(3)の頂点、辺、角に対応する頂点、辺、角を答えましょう。

(1) 頂点A　　(2) 辺BC　　(3) 角B

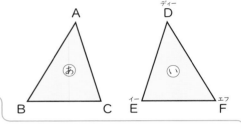

**解き方** ⑥をうら返すと、⑤とぴったり重なります。

(1) 頂点Aに対応する頂点は、頂点□です。

(2) 頂点Bと頂点F、頂点Cと頂点Eが重なるので、辺BCに対応する辺は、辺□です。

(3) 角Bに対応する角は、角□です。

**2** 右の2つの三角形は合同です。

(1) 辺DE、辺DFの長さは、それぞれ何cmですか。

(2) 角D、角Eは、それぞれ何度ですか。

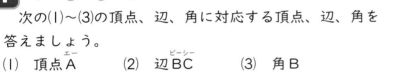

**解き方** 頂点Aと頂点D、頂点Bと頂点E、頂点Cと頂点Fが、それぞれ対応しています。

(1) 辺DEに対応する辺は辺ABなので、辺DEの長さは、□cmです。

辺DFに対応する辺は辺ACなので、辺DFの長さは、□cmです。

(2) 角Dに対応する角は角Aなので、角Dは□°です。

角Eに対応する角は角Bなので、角Eは□°です。

**3** 右の図は、長方形に1本の対角線をひいたものです。

三角形ABDと三角形CDBは合同になりますか。

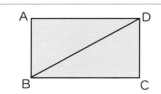

**解き方** 三角形CDBをうすい紙に写しとって調べてみると、三角形ABDとぴったり重なります。

だから、三角形ABDと三角形CDBは□です。

ぴったり2
# 練習

★ できた問題には、「た」をかこう！★
でき ① でき ② でき ③ でき ④

教科書 76〜80 ページ　答え 12 ページ

**1** 次の図形の中から、合同な図形を2組みつけましょう。

教科書 76〜77 ページ

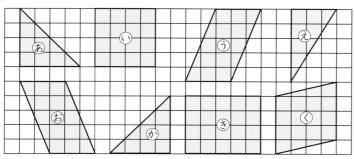

辺の長さや角の
大きさなどを
くらべてみよう。

（　　と　　）

（　　と　　）

**2** 右の2つの四角形は合同です。□にあてはまる記号をかきましょう。

教科書 79 ページ ❸

① 頂点Aに対応する頂点は、頂点 □ です。

② 辺BCに対応する辺は、辺 □ です。

③ 角Dに対応する角は、角 □ です。

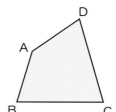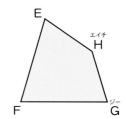

**3** 右の2つの四角形は合同です。

教科書 79 ページ ❹

① 辺GHの長さは、何cmですか。

（　　　　　　　）

② 角Eは、何度ですか。

（　　　　　　　）

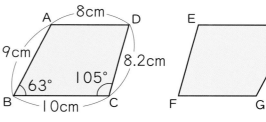

**4** 右の図は、ひし形に2本の対角線をひいたものです。

教科書 80 ページ ❷

① 三角形ABCと合同な三角形はどれですか。

（　　　　　　　）

② 三角形ABDと合同な三角形はどれですか。

（　　　　　　　）

③ 三角形ABEと合同な三角形はどれですか。3つかきましょう。

（　　　　　　　）

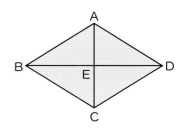

 **ヒント** ❷ ② 記号の順番は、対応する順にかきます。

次の◯にあてはまる数や記号をかきましょう。

**ねらい** 合同な三角形のかき方を理解しよう。　　練習 ①②③→

### 合同な三角形のかき方

次の⑦〜⑨の辺の長さや角の大きさをはかります。

⑦　3つの辺の長さ　　　　　⑦　2つの辺の長さと　　　　⑨　1つの辺の長さと
　　　　　　　　　　　　　　　　その間の角の大きさ　　　　　その両はしの角の大きさ

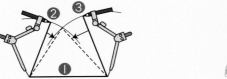

**1** 次の三角形と合同な三角形を、辺の長さや角の大きさを使って、かきましょう。

(1)
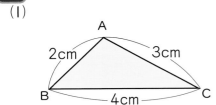
A / 2cm / 3cm / B / 4cm / C

(2)
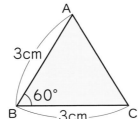
A / 3cm / 60° / B / 3cm / C

(3)
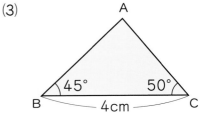
A / 45° / 50° / B / 4cm / C

**解き方** (1) ❶　4cm の辺BCをかきます。　❷　点Bから半径◯cm の円をかきます。

❸　点Cから半径◯cm の円をかきます。

交わった点を◯として、頂点を結びます。

(2) ❶　3cm の辺BCをかきます。　❷　点Bから◯°の角をかきます。

❸　頂点Bから◯cm の点をとり、その点を◯として、頂点を結びます。

(3) ❶　4cm の辺BCをかきます。　❷　点Bから◯°の角をかきます。

❸　点Cから◯°の角をかきます。交わった点を◯とします。

**2** 右の図のような平行四辺形をかきましょう。

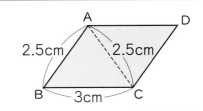
A / D / 2.5cm / 2.5cm / B / 3cm / C

**解き方** 平行四辺形の向かいあう辺の長さは等しくなります。

三角形ABCをかいてから、頂点Dをきめます。

❶　3cm の辺BCをかきます。

❷　点Bと点Cから半径 2.5cm の円をかき、交わった点をAとします。

❸　点Aと点Bを結びます。点Aから半径◯cm、点Cから半径◯cm の円を

かき、交わった点を◯とします。　❹　点Aと点D、点Cと点Dを結びます。

ぴったり2
練習

★ できた問題には、「た」をかこう！★
でき ① でき ② でき ③

学習日 　月　　日

教科書 81〜84ページ　　答え 13ページ

**1** 次のような三角形をかきましょう。

教科書 81ページ**1**、82ページ**2**

① 3つの辺が5cm、4cm、3cmの三角形

② 2つの辺が4cm、4.5cm、その間の角が40°の三角形

③ 1つの辺が5cm、その両はしの角が30°、45°の三角形

コンパスや
ものさし、
分度器を使って
かこう。

**2** 右の四角形と合同な四角形をかきます。
まず、対角線で2つの三角形に分けて、三角形DBCをかきました。
あと、どこをはかればよいですか。
□にあてはまる記号をかきましょう。

教科書 84ページ**3**

次の3つの方法があります。

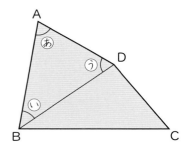

❶ 辺 ①□ と辺ADの長さをはかります。

❷ ⓘの角と ②□ の角の大きさをはかります。

❸ 辺ABの長さと ③□ の角の大きさ、または、辺 ④□ の長さとⓊの角の大きさをはかります。

**3** 下の図のような台形をかきましょう。

教科書 84ページ**4**

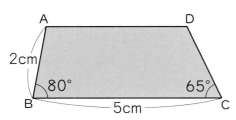

ヒント ❸ 辺ADは、辺BCと平行になるようにかきます。

**⑦ 合同な図形**

# ③ 三角形・四角形の角

教科書　85〜91 ページ　　答え　13 ページ

✏ 次の◯にあてはまる数をかきましょう。

◎ **ねらい** 三角形や四角形の角の大きさの和を理解しよう。　　練習 ① ② ③ →

🐾 **角の大きさの和**
- ★三角形の３つの角の大きさの和は、180°
- ★四角形の４つの角の大きさの和は、360°
  - └→対角線をひくと、２つの三角形に分けられるから、180°×2＝360°

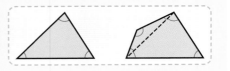

**1** 次の三角形や四角形のあ、い、うの角の大きさは、それぞれ何度ですか。

(1)　　　　　　　　　　(2)　　　　　　　　　　(3)

 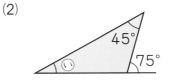 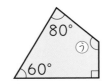

**解き方** (1)　三角形の３つの角の大きさの和は ①◯° だから、あの角の大きさは、

②◯° −(30°+③◯°)＝④◯°

答え ⑤◯°

(2)　75°の角のとなりの角の大きさは、

180°−75°＝①◯°

三角形の３つの角の大きさの和は 180° だから、いの角の大きさは、

180°−(45°+②◯°)＝③◯°

答え ④◯°

(3)　四角形の４つの角の大きさの和は ①◯° だから、うの角の大きさは、

②◯° −(60°+80°+③◯°)＝④◯°

答え ⑤◯°

**2** ５本の直線で囲まれた図形を五角形といいます。
　五角形の５つの角の大きさの和を求めましょう。

**解き方** まず、五角形を対角線で３つの三角形に分けます。

三角形の３つの角の大きさの和は ①◯° です。

五角形の５つの角の大きさの和は、三角形３つ分の角の大きさの和と

同じになるから、②◯° ×3＝③◯°

答え ④◯°

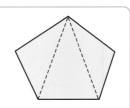

直線で囲まれた図形を
**多角形**というよ。

ぴったり 2
# 練習

★ できた問題には、「た」をかこう！★
 でき ①  でき ②  でき ③

教科書 85～91 ページ　答え 14 ページ

**1** 下の図の⑤、⑥、⑦、⑧の角の大きさは、それぞれ何度ですか。

教科書 87 ページ ②・③・④

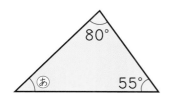

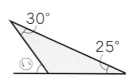

⑤ (　　　　　　　　)　　　　　　　⑥ (　　　　　　　　)

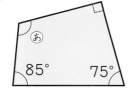

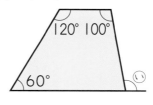

⑦ (　　　　　　　　)　　　　　　　⑧ (　　　　　　　　)

**2** 下の図の⑤、⑥の角の大きさは、それぞれ何度ですか。

教科書 89 ページ ②

⑤ (　　　　　　　　)　　　　　　　⑥ (　　　　　　　　)

**3** 右の五角形の⑤の角の大きさを求めます。

教科書 90 ページ ①

① 五角形の5つの角の大きさの和は、何度ですか。

(　　　　　　　　)

② ⑤の角の大きさは何度ですか。

五角形は、3つの
三角形に分けられるね。

(　　　　　　　　)

 ● ⑦ 正三角形は、3つの角の大きさがすべて等しくなります。
　　　⑧ 二等辺三角形は、2つの角の大きさが等しくなります。

ぴったり③
確かめのテスト。

❼ 合同な図形

時間 **30** 分

／100

合格 **80** 点

📖 教科書 76〜93ページ　≡▷ 答え 14ページ

知識・技能　　　　　　　　　　　　／77点

**1** よく出る 右の２つの三角形は合同です。
　　次の頂点、辺、角に対応する頂点、辺、角をかきましょう。　　　各5点（15点）

① 頂点C

（　　　　　　）

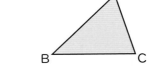

② 辺AB

③ 角B

（　　　　　　）　　　　　　　（　　　　　　）

**2** 右の図は、平行四辺形に２本の対角線をひいたものです。
　　次の三角形と合同な三角形はどれですか。　　　各5点（15点）

① 三角形ABC

（　　　　　　）

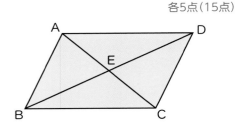

② 三角形ABD

③ 三角形ABE

（　　　　　　）　　　　　　　（　　　　　　）

**3** 次のような三角形をかきましょう。　　　各6点（12点）

① ２つの辺が３cm、3.5cm、
その間の角が50°の三角形

② １つの辺が４cm、その両はしの
角が70°、30°の三角形

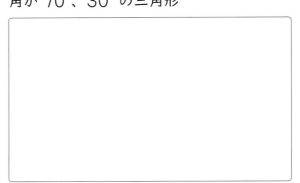

**④** 下の図のような四角形をかきましょう。　　　　　　　　　　　　　（7点）

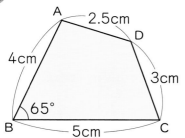

**⑤** よく出る 下の図のあ、い、う、えの角の大きさは、それぞれ何度ですか。　各7点(28点)

あ（　　　　　　　　　）　　　　　　　　　い（　　　　　　　　　）

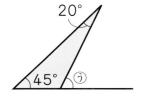

う（　　　　　　　　　）　　　　　　　　　え（　　　　　　　　　）

**思考・判断・表現**　　　　　　　　　　　　　　　　　　　　／23点

**⑥** よく出る 下の四角形ABCDはひし形です。
　あ、い、うの角の大きさは、それぞれ何度ですか。　　　　各6点(18点)

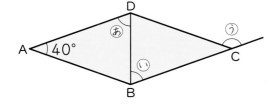

あ（　　　　　　　　　）

い（　　　　　　　　　）

う（　　　　　　　　　）

**⑦** 6本の直線で囲まれた図形を六角形といいます。
　六角形の6つの角の大きさの和は何度ですか。　　　　　　　　（5点）

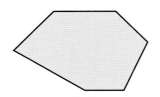

（　　　　　　　　　）

 ふりかえり 🐶　❶がわからないときは、38ページの❶にもどって確にんしてみよう。

# もう1回！　もう1回！

教科書　94〜95ページ　答え　15ページ

## 〈少ない場合から順に調べて〉

**1** マッチぼうをならべて、下のように正方形をつくります。

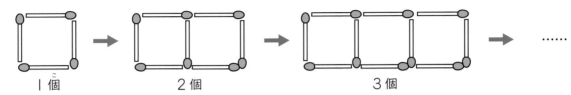

1個　　　2個　　　3個

① 正方形の数が1個、2個、3個、……、7個のときのマッチぼうの数を調べて、表にかきましょう。

| 正方形の数(個) | 1 | 2 | 3 | 4 | 5 | 6 | 7 | | | | |
|---|---|---|---|---|---|---|---|---|---|---|---|
| マッチぼうの数(本) | 4 | 7 | 10 | | | | | | | | |

② 正方形を10個つくるには、マッチぼうが何本必要ですか。
上の表に続きをかいて求めましょう。

(　　　　　　　　)

③ 40本のマッチぼうを使うと、何個の正方形ができますか。

(　　　　　　　　)

> 正方形の数が1個増えると、マッチぼうの数は3本増えているね。

**2** 正方形の色板をならべて、下のように階だんの形をつくります。

1だん　　2だん　　3だん

① 1だん、2だん、3だん、……、7だんならべたときの色板の数を調べて、表にかきましょう。

| だんの数(だん) | 1 | 2 | 3 | 4 | 5 | 6 | 7 | | |
|---|---|---|---|---|---|---|---|---|---|
| 色板の数(まい) | 1 | 3 | | | | | | | |

② 36まいの色板を使うと、何だんになりますか。

(　　　　　　　　)

③ だんの数が10だんのとき、色板は何まい必要ですか。

(　　　　　　　　)

> どんなきまりで増えているかな？

**3** 同じ長さのひごをならべて、下のようにピラミッドの形をつくります。

| | | |
|---|---|---|
| 1 だん | 2 だん | 3 だん |

① 1 だん、2 だん、3 だん、4 だん、5 だんならべたときのひごの数を調べて、表にかきましょう。

| だんの数（だん） | 1 | 2 | 3 | 4 | 5 | |
|---|---|---|---|---|---|---|
| ひ ご の 数（本） | 3 | | | | | |

② 63 本のひごを使うと、何だんになりますか。

（　　　　　）

③ だんの数が 7 だんのとき、ひごは何本必要ですか。

（　　　　　）

**4** ご石をならべて、下のように正方形の形をつくります。

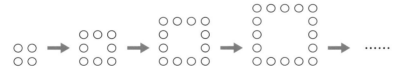

① 1 つの辺にならべるご石の数が 2 個、3 個、4 個、5 個のときの全部のご石の数を調べて、表にかきましょう。

| 1つの辺の数（個） | 2 | 3 | 4 | 5 | |
|---|---|---|---|---|---|
| 全 部 の 数（個） | | | | | |

② 1 つの辺のご石の数が 10 個のとき、全部のご石の数は何個になりますか。

（　　　　　）

③ 全部のご石の数が 44 個のとき、1 つの辺のご石の数は何個になりますか。

（　　　　　）

この本の終わりにある「夏のチャレンジテスト」をやってみよう！

教科書 102〜103 ページ　答え 16 ページ

✏️ 次の ⬜ にあてはまる数やことばをかきましょう。

🎯 ねらい　偶数と奇数の意味がわかるようにしよう。　練習 ① ② ③ ④ →

🐾 偶数と奇数

2でわり切れる整数を**偶数**といいます。

2でわり切れない整数を**奇数**といいます。0は偶数です。

┌─ 整数 ─────────────┐
│　偶数　　　│　奇数　　　│
│　0 2 4 6　│　1 3 5 7　│
│　…　　　　│　…　　　　│
└───────────────────┘

**1** 次の数は、偶数ですか、奇数ですか。

(1)　18　　　　(2)　35　　　　(3)　59　　　　(4)　500

**解き方** それぞれの数を2でわってみます。

(1)　18÷2＝ ⬜　　　　2でわり切れるから、 ⬜ です。

(2)　35÷2＝17余り ⬜　　2でわり切れないから、 ⬜ です。

(3)　59÷2＝ ⬜ 余り ⬜　　2でわり切れないから、 ⬜ です。

(4)　500÷2＝ ⬜　　　　2でわり切れるから、 ⬜ です。

**2** 次の数を、偶数と奇数に分けましょう。

41　　86　　362　　913　　1297　　6524

**解き方** 一の位の数字が、0、2、4、6、8なら偶数、

　　　　　　　　　1、3、5、7、9なら奇数だから、

偶数は、① ⬜ 、② ⬜ 、③ ⬜

奇数は、④ ⬜ 、⑤ ⬜ 、⑥ ⬜

一の位の数字だけを
見ればいいんだね。

**3** 14人がAとBの2チームに分かれます。

(1)　Aの人数が偶数なら、Bの人数は偶数ですか、奇数ですか。

(2)　Aの人数が奇数なら、Bの人数は偶数ですか、奇数ですか。

**解き方** Aの人数に数をあてはめて考えます。

(1)　Aの人数を8人とすると、Bの人数は

① ⬜ 人だから、Bは ② ⬜ です。

(2)　Aの人数を7人とすると、Bの人数は

③ ⬜ 人だから、Bは ④ ⬜ です。

Aのチーム　Bのチーム

Aのチーム　Bのチーム

教科書 102〜103 ページ　　答え 16 ページ

**1** 下の数直線の 20 から 40 までの整数で、奇数に○をつけましょう。　　教科書 103ページ **1**

20 21 22 23 24 25 26 27 28 29 30 31 32 33 34 35 36 37 38 39 40

**2** 下の数直線の 50 から 70 までの整数で、偶数に○をつけましょう。　　教科書 103ページ **1**

50 51 52 53 54 55 56 57 58 59 60 61 62 63 64 65 66 67 68 69 70

**3** 次の数は、偶数ですか、奇数ですか。　　教科書 103ページ **1**

① 6

② 9

（　　　　　）

（　　　　　）

③ 0

④ 75

（　　　　　）

（　　　　　）

⑤ 197

⑥ 702

（　　　　　）

（　　　　　）

⑦ 3400

⑧ 13589

（　　　　　）

（　　　　　）

**4** 次の数は、偶数ですか、奇数ですか。　　教科書 103ページ **2**

① 偶数＋1

（　　　　　）

② 偶数＋偶数

（　　　　　）

たとえば、偶数に
2 をあてはめると、
答えはどうなるかな。

ヒント　**3** わり算をしなくても、一の位の数字で見分けることができます。

49

8 整数

② 倍数と公倍数

教科書 104〜107ページ 答え 16ページ

✏ 次の◯にあてはまる数をかきましょう。

◎ ねらい 倍数・公倍数・最小公倍数を求められるようにしよう。 練習 ① ② ③ ④ →

🐾 **倍数** 3に整数をかけてできる数を、3の**倍数**といいます。
↳ 0の倍数や整数の0倍は考えません。

🐾 **公倍数** 3の倍数にも、4の倍数にもなっている数を、3と4の**公倍数**といいます。

🐾 **最小公倍数** 公倍数のうち、いちばん小さい数を**最小公倍数**といいます。

**1** 次の数をかきましょう。
(1) 7の倍数を小さい順に3個　　　　　(2) 3と5の最小公倍数

解き方 (1) 7に1から順に整数をかけます。

$7 \times 1 = $ ① ☐　　　$7 \times 2 = $ ② ☐　　　$7 \times 3 = $ ③ ☐
↳ 7の1倍もわすれないように。

(2) 5の倍数は、小さい順に、5、① ☐、② ☐、20、25、30、……

この中で、3の倍数は、③ ☐、30、……

だから、3と5の最小公倍数は、④ ☐ です。

**2** 4と6の公倍数を小さい順に3個と、4と6の最小公倍数をかきましょう。

解き方 まず、6の倍数は、6、① ☐、② ☐、24、30、36、……

この中で、4の倍数は、③ ☐、24、④ ☐、……

だから、4と6の公倍数は、小さい順に、12、24、⑤ ☐ です。

4と6の最小公倍数は、このうち、いちばん小さい数だから、⑥ ☐ です。

**3** 右のように、たて6cm、横9cmの長方形のタイルを
ならべて正方形をつくります。

いちばん小さい正方形の1辺の長さは何cmですか。

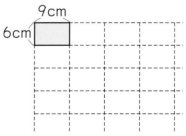

9cm
6cm

解き方 たての長さは6の倍数で、横の長さは9の倍数だから、

正方形ができたときの1辺の長さは

6と9の公倍数になります。

6と9の最小公倍数は ☐ だから、

いちばん小さい正方形の1辺の長さは、☐ cm

たて  0　　6　　12　　18　　24

横  0　　9　　18　　27

**1** 次の数を、小さい順に5個かきましょう。

教科書 104 ページ **1**

① 8の倍数

② 13の倍数

( ) ( )

**2** 4と9の公倍数を、小さい順に3個かきましょう。

教科書 105 ページ **▲**

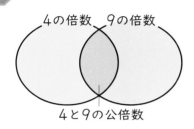

4の倍数　9の倍数

4と9の公倍数

( )

**3** 次の数を求めましょう。

教科書 105 ページ **▲**、106 ページ **1**・**3**

① 8と12の最小公倍数

( )

② 10と20の最小公倍数

( )

③ 3と4と6の最小公倍数

( )

📖 よくよんで

**4** 　上下に分かれているふん水があります。

上のふん水は15分ごと、下のふん水は9分ごとに水をふき上げます。

午前9時に上下同時にふき上げたあと、次に同時にふき上げるのは何時何分ですか。

教科書 107 ページ **1**・**2**

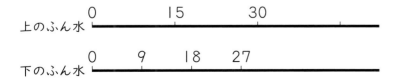

上のふん水　0　　15　　30

下のふん水　0　9　18　27

( )

 ヒント　**3** ③　6の倍数の中から、4の倍数をみつけて、その中からさらに
3の倍数をみつけましょう。

教科書 108〜111ページ　答え 17ページ

✏️ 次の◯にあてはまる数をかきましょう。

🎯 ねらい 約数・公約数・最大公約数を求められるようにしよう。　練習 ❶ ❷ ❸ ❹ →

🐾 **約数**　12をわり切ることのできる整数を、12の**約数**といいます。
└→ 1と、もとの整数も約数に入れます。

🐾 **公約数**　12の約数にも 18の約数にもなっている数を、
12と18の**公約数**といいます。

🐾 **最大公約数**　公約数のうち、いちばん大きい数を**最大公約数**といいます。

**1** 10の約数をすべてかきましょう。

解き方 10÷1、10÷2、10÷3、……と順に調べます。
10の約数は、小さい順に、
1、◻、◻、10の4個です。

1ともとの整数は、
必ず約数になるよ。

**2** 16と20の公約数をすべてと、最大公約数をかきましょう。

解き方 16の約数は、1、①◻、②◻、③◻、16
20の約数は、1、④◻、⑤◻、5、⑥◻、20
16と20の公約数は、
16の約数にも、20の約数にもなっている数だから、
1、⑦◻、⑧◻です。

16と20の最大公約数は、このうち、いちばん大きい数だから、⑨◻です。

**3** 右のような、たて24cm、横18cmの方眼紙が
あります。
これを目もりの線にそって切り、紙の余りが出ないように
同じ大きさの正方形に分けます。
できるだけ大きな正方形に分けるには、1辺の長さを何cmに
すればよいですか。

1cm
1cm

解き方
❶ 余りが出ないように正方形に分けられるのは、1辺の長さが、
24と18の公約数のときだから、
1cm、2cm、◻cm、◻cmのときです。
❷ できるだけ大きな正方形にするには、1辺の長さを
最大公約数にすればよいから、
◻cmにします。

52

教科書　108〜111 ページ　答え　17 ページ

**1** 次の数の約数をすべてかきましょう。

教科書　108 ページ ❶・▲

① 11　　　　　　　② 25　　　　　　　③ 30

（　　　　　　）　（　　　　　　）　（　　　　　　）

**2** 右の図は、18 の約数と 27 の約数の関係を表したものです。
①、②、③にあてはまる数を、すべてかきましょう。
また、18 と 27 の最大公約数をかきましょう。

教科書　109 ページ ❸

18の約数　27の約数

①　②　③

18と27の公約数

①（　　　　　　）　　②（　　　　　　）

③（　　　　　　）　　最大公約数（　　　　　　）

**3** 次の 2 つの数、3 つの数の公約数をすべてかきましょう。
また、最大公約数もかきましょう。

教科書　109 ページ ▲、110 ページ ❶・❷・▲・❹

① 10 と 15

公約数（　　　　　　）　最大公約数（　　　　　　）

② 4 と 9

公約数（　　　　　　）　最大公約数（　　　　　　）

③ 8 と 24

公約数（　　　　　　）　最大公約数（　　　　　　）

④ 14 と 28 と 35

公約数（　　　　　　）　最大公約数（　　　　　　）

📖 よくよんで

**4** えん筆が 48 本、消しゴムが 32 個あります。
　このえん筆と消しゴムの両方を、余りが出ないように、それぞれ同じ数ずつできるだけ
多くの子どもに分けます。
　何人の子どもに分けられますか。

教科書　111 ページ ❶・▲

（　　　　　　）

ヒント　❸ ④　14 の約数の中から、28 の約数をみつけて、その中から
さらに 35 の約数をみつけましょう。

## ⑧ 整 数

時間 30 分

／100

合格 80 点

教科書 102〜113 ページ　答え 17 ページ

知識・技能　　　　　　　　　　　　　　　　　　　　　　　　　　　　　／81点

**①** 次の数は、偶数ですか、奇数ですか。　　　　　　　　　　各5点(20点)

① 79

② 154

（　　　　　）

（　　　　　）

③ 90

④ 861

（　　　　　）

（　　　　　）

**②** よく出る 次の数を、小さい順に3個かきましょう。　　　各5点(15点)

① 16 の倍数

（　　　　　）

② 3と7の公倍数

（　　　　　）

③ 12 と 15 の公倍数

（　　　　　）

**③** よく出る 次の数を、すべてかきましょう。　　　　　　各5点(15点)

① 40 の約数

（　　　　　）

② 9と 18 の公約数

（　　　　　）

③ 21 と 24 の公約数

（　　　　　）

**④** 次の数を求めましょう。　　　　　　　　　　　　　　各5点(10点)

① 18 と 36 の最小公倍数

（　　　　　）

② 42 と 56 の最大公約数

（　　　　　）

**5** 1 から 20 までの整数のうち、次の数は何個ありますか。　　各7点(21点)

① 3 の倍数

（　　　　　　　）

② 4 の倍数

（　　　　　　　）

③ 2 と 5 の公倍数

（　　　　　　　）

**思考・判断・表現**　　　　　　　／19点

**6** ある駅から、ふつう電車は 8 分ごとに、急行電車は 10 分ごとに発車します。
午前 8 時 25 分に、ふつう電車と急行電車が同時に発車しました。
次にふつう電車と急行電車が同時に発車するのは、何時何分ですか。　　(5点)

ふつう電車　　0　8　16　24　32

急行電車　　0　10　20　30

（　　　　　　　　）

**7** バラの花が 21 本、コスモスの花が 35 本あります。
バラとコスモスが、1 つの花たばに、それぞれ同じ数ずつはいるように花たばをつくります。
どちらも余りが出ないようにできるだけ多くの花たばをつくるには、1 つの花たばにバラとコスモスを何本ずつ入れればよいですか。　　各7点(14点)

バラ（　　　　　）　コスモス（　　　　　　）

---

**はってん　素数（そすう）**

**教科書　113 ページ**

**1** 素数には○、素数でないものには×をかきましょう。

◀ 1 とその数の 2 個しか
約数がない整数が
素数です。
偶数の素数は 2 だけです。

① 4　　　　　② 7

（　　　　　）　　　　（　　　　　）

③ 15　　　　④ 19

（　　　　　）　　　　（　　　　　）

約数の個数を
調べよう。

**ふりかえり**　❶がわからないときは、48 ページの❶にもどって確（かく）にんしてみよう。

ぴったり ①
準備

3分でまとめ

⑨ 分 数

① 等しい分数

学習日　　月　　日

教科書 114〜119 ページ　答え 18 ページ

次の ◯ にあてはまる数をかきましょう。

**ねらい** 大きさの等しい分数をつくれるようにしよう。　練習 ①→

**大きさの等しい分数**

分母と分子に同じ数をかけても、分母と分子を同じ数でわっても、分数の大きさは変わりません。

$$\frac{▲}{■}=\frac{▲×●}{■×●}\qquad\frac{▲}{■}=\frac{▲÷●}{■÷●}$$

**1** $\frac{8}{12}$ に等しい分数を 4 つかきましょう。

**解き方** $\frac{8}{12}$ の分母と分子を 2 でわると、$\frac{①}{②}$　　4 でわると、$\frac{③}{④}$

$\frac{8}{12}$ の分母と分子に 2 をかけると、$\frac{⑤}{⑥}$　　3 をかけると、$\frac{⑦}{⑧}$

**ねらい** 約分ができるようにしよう。　練習 ②→

**約分**

分数の分母と分子を同じ数でわって、分母が小さい分数にすることを**約分する**といいます。

**2** $\frac{24}{32}$ を約分しましょう。

**解き方** $\frac{24}{32}=\frac{24÷2}{32÷2}=\frac{12}{16}$　　$\frac{12}{16}=\frac{12÷2}{16÷2}=\frac{6}{8}$　　$\frac{6}{8}=\frac{6÷2}{8÷2}=\frac{①}{②}$

32 と 24 の最大公約数 8 でわると、一度で約分できます。　$\frac{24}{32}=\frac{24÷8}{32÷8}=\frac{③}{④}$

**ねらい** 通分ができるようにしよう。　練習 ③ ④→

**通分**

分母がちがう分数を、分母が同じ分数になおすことを**通分する**といいます。

**3** $\frac{3}{4}$ と $\frac{2}{3}$ を通分しましょう。

**解き方** 分母の最小公倍数をみつけて、それを分母とする分数になおします。

4 と 3 の最小公倍数は、$\boxed{①}$

$$\frac{3}{4}=\frac{②}{12}\xleftarrow{×3}\qquad\frac{2}{3}=\frac{③}{12}\xleftarrow{×4}$$

★ できた問題には、「た」をかこう！ ★

 でき **1**　 でき **2**　 でき **3**　でき **4**

📖 教科書 114〜119 ページ　　⬅ 答え 18 ページ

**1** 次の分数から、$\frac{2}{6}$ に等しい分数を選んですべてかきましょう。

📖 教科書 115 ページ **1**

$$\frac{5}{9} \qquad \frac{1}{3} \qquad \frac{4}{12} \qquad \frac{3}{9} \qquad \frac{8}{24} \qquad \frac{6}{15} \qquad \frac{19}{48}$$

（　　　　　　　　　　　　　　）

**2** 次の分数を約分しましょう。

📖 教科書 117 ページ **1**・**2**

① $\frac{6}{10}$

② $\frac{30}{42}$

（　　　　　　　）

（　　　　　　　）

③ $\frac{28}{35}$

④ $\frac{30}{40}$

（　　　　　　　）

（　　　　　　　）

**3** 次の分数を通分しましょう。

📖 教科書 118 ページ **1**、119 ページ **3**

① $\frac{1}{3}$、$\frac{1}{7}$

② $\frac{2}{5}$、$\frac{3}{8}$

（　　　　　　　）

（　　　　　　　）

③ $\frac{5}{6}$、$\frac{7}{9}$

④ $\frac{3}{4}$、$\frac{5}{8}$

（　　　　　　　）

（　　　　　　　）

**4** 次の分数を通分して大きさをくらべ、等号や不等号を使って式にかきましょう。

📖 教科書 118 ページ **2**、119 ページ **5**

① $\frac{1}{3}$、$\frac{1}{5}$

② $\frac{1}{2}$、$\frac{4}{7}$

（　　　　　　　）

（　　　　　　　）

③ $\frac{5}{6}$、$\frac{9}{10}$

④ $\frac{9}{8}$、$\frac{13}{12}$

（　　　　　　　）

（　　　　　　　）

👁ヒント　**1** $\frac{2}{6} = \frac{2 \div 2}{6 \div 2} = \frac{1}{3}$ だから、$\frac{1}{3}$ に等しい分数は、$\frac{2}{6}$ とも等しくなります。

② **分数のたし算・ひき算**

教科書 120〜122ページ　答え 19ページ

 次の□にあてはまる数をかきましょう。

**◎ねらい** 分母がちがう分数のたし算とひき算のしかたを理解しよう。　練習 ① ② ③ →

**🐾 分母がちがう分数のたし算とひき算のしかた**

❶ 通分します。

❷ 分子どうしを計算します。

❸ 答えが約分できるときは、約分します。

分母が同じなら、
たし算やひき算が
できるね。

**1** (1) $\frac{1}{6} + \frac{1}{2}$　(2) $\frac{3}{5} - \frac{1}{2}$ を計算しましょう。

**解き方** (1)　6と2の最小公倍数は ① □ なので、

分母を ② □ にして、通分します。

↓分子はそのまま　↓分子を3倍　↓約分できます。

$\frac{1}{6} + \frac{1}{2} = \frac{③□}{6} + \frac{④□}{6} = \frac{⑤□}{6}$

約分すると、$\frac{⑥□}{6} = ⑦□$

(2)　5と2の最小公倍数は ① □ なので、

分母を ② □ にして、通分します。

↓分子を2倍　↓分子を5倍

$\frac{3}{5} - \frac{1}{2} = \frac{③□}{10} - \frac{④□}{10} = ⑤□$

(1)
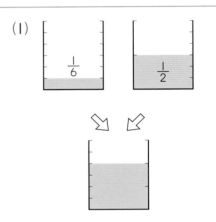

(2)
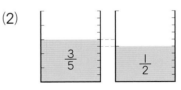

**2** $3\frac{1}{3} - 1\frac{3}{4}$ を計算しましょう。

**解き方** 帯分数の計算は、次の2とおりのしかたで計算できます。

**解き方1**　仮分数になおして計算します。

$3\frac{1}{3} - 1\frac{3}{4} = \frac{①□}{3} - \frac{7}{4} = \frac{40}{12} - \frac{②□}{12} = \frac{③□}{12}$

**解き方2**　$3\frac{1}{3} = 3 + \frac{1}{3}$、$1\frac{3}{4} = 1 + \frac{3}{4}$ であることを使って計算します。

$3\frac{1}{3} - 1\frac{3}{4} = (3-1) + \left(\frac{1}{3} - \frac{3}{4}\right) = 2 + \frac{4}{12} - \frac{9}{12} = \left(2 - \frac{9}{12}\right) + \frac{4}{12}$

$= 1\frac{④□}{12} + \frac{4}{12} = 1\frac{⑤□}{12}$

教科書 120～122 ページ　　答え 19 ページ

**1** 次の計算をしましょう。

教科書 120 ページ **1**、121 ページ **3**

① $\dfrac{5}{9} + \dfrac{1}{6}$

② $\dfrac{3}{4} + \dfrac{2}{3}$

③ $\dfrac{1}{5} + \dfrac{3}{10}$

④ $\dfrac{3}{4} - \dfrac{2}{5}$

⑤ $\dfrac{8}{7} - \dfrac{1}{3}$

⑥ $\dfrac{5}{6} - \dfrac{7}{18}$

**2** 次の計算をしましょう。

教科書 121 ページ **5**、122 ページ **7**

① $\dfrac{3}{4} + \dfrac{1}{3} - \dfrac{5}{6}$

② $\dfrac{7}{8} - \dfrac{1}{4} - \dfrac{1}{2}$

③ $2\dfrac{4}{5} + 1\dfrac{1}{2}$

④ $1\dfrac{1}{3} + \dfrac{11}{21}$

⑤ $3\dfrac{2}{15} - 1\dfrac{5}{6}$

⑥ $2\dfrac{4}{9} - 1\dfrac{11}{12}$

**3** 長さが $\dfrac{3}{8}$ m と $\dfrac{1}{5}$ m のリボンがあります。

教科書 120 ページ **1**

① あわせると何 m ですか。

式

答え （　　　　　　）

② ちがいは何 m ですか。

式

答え （　　　　　　）

 **ヒント** **2** ①② 3つの分母の最小公倍数を考えます。

**❾ 分　数**

**③　分数とわり算**
**④　分数と小数・整数の関係**

教科書 124～127 ページ　答え　19 ページ

次の ▭ にあてはまる数をかきましょう。

**◎ねらい　商を分数で表すことを理解しよう。** 練習 ❶→

🐾 **分数とわり算**

わり算の商は、わられる数を分子、わる数を分母とする分数で表せます。

$$▲ \div ■ = \frac{▲}{■}$$

**1** 3÷8、11÷4 の商を、それぞれ分数で表しましょう。

**解き方** $3 \div 8 = \dfrac{①}{②}$　　　$11 \div 4 = \dfrac{③}{④}$　　　$\dfrac{わられる数}{わる数}$ の形にしよう。

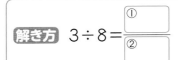

**◎ねらい　分数を小数で表せるようにしよう。** 練習 ❷❸❺→

🐾 **分数を小数で表す**

分数を小数で表すには、分子を分母でわります。

$$\frac{▲}{■} = ▲ \div ■$$

**2** 次の分数を小数で表しましょう。(3)は、四捨五入して、$\dfrac{1}{100}$ の位までの小数で表しましょう。

(1) $\dfrac{2}{5}$　　　　　(2) $\dfrac{9}{25}$　　　　　(3) $\dfrac{3}{7}$

**解き方** 分子を分母でわります。

(1) $\dfrac{2}{5} = 2 \div 5 = \boxed{\phantom{xx}}$　　　(2) $\dfrac{9}{25} = 9 \div 25 = \boxed{\phantom{xx}}$

(3) $\dfrac{3}{7} = \boxed{\phantom{xx}} \div \boxed{\phantom{xx}} = 0.428\cdots\cdots$　　　$\dfrac{1}{1000}$ の位を四捨五入して、$\boxed{\phantom{xx}}$

**◎ねらい　小数や整数を分数で表せるようにしよう。** 練習 ❹→

🐾 **小数を分数で表す**

小数は、分母が 10、100、1000 などの
分数で表すことができます。

$0.1 = \dfrac{1}{10}$、$0.01 = \dfrac{1}{100}$、
$0.001 = \dfrac{1}{1000}$ だね。

🐾 **整数を分数で表す**

整数は、1 を分母とする分数とみることができます。

$6 = \dfrac{6}{1}$　　　$21 = \dfrac{21}{1}$

**3** 次の小数、整数を分数で表しましょう。

(1) 0.4　　　　(2) 0.25　　　　(3) 9

**解き方** (1) $0.4 = \dfrac{4}{①} = \dfrac{2}{②}$　　(2) $0.25 = \dfrac{25}{①} = \dfrac{1}{②}$　　(3) $9 = \dfrac{9}{\boxed{\phantom{x}}}$

教科書 124〜127ページ  答え 19ページ

**1** 次の商を分数で表しましょう。　　　　　　　　　教科書 124ページ 1、125ページ 2

① 1÷2　　　　　② 12÷7　　　　　③ 4÷10

(　　　　　)　　　　(　　　　　)　　　　(　　　　　)

**2** 次の分数を小数で表しましょう。　　　　　　　　教科書 126ページ 1

① $\frac{3}{8}$　　　　　② $\frac{16}{25}$　　　　　③ $\frac{43}{10}$

(　　　　　)　　　　(　　　　　)　　　　(　　　　　)

**3** 次の分数を四捨五入して、$\frac{1}{100}$ の位までの小数で表しましょう。　教科書 126ページ 3

① $\frac{1}{6}$　　　　　　　　　　② $\frac{18}{13}$

(　　　　　)　　　　　　　(　　　　　)

$\frac{1}{1000}$ の位まで求めて、
$\frac{1}{1000}$ の位を四捨五入しよう。

**4** 次の小数、整数を分数で表しましょう。　　　　　教科書 127ページ 5

① 0.9　　　　　② 0.27　　　　　③ 0.016

(　　　　　)　　　　(　　　　　)　　　　(　　　　　)

④ 2.5　　　　　⑤ 1.15　　　　　⑥ 18

(　　　　　)　　　　(　　　　　)　　　　(　　　　　)

**！まちがい注意**

**5** 次の数を下の数直線に表して、大きい順にかきましょう。　教科書 127ページ 7

1.5　$\frac{3}{4}$　0.6　$\frac{8}{5}$　$1\frac{1}{4}$

0　　　　　　　　　　1　　　　　　　　　2

(　　　　　　　　　　　　　　　　　)

**ヒント**　5 分数を小数になおすと、数の大小がわかりやすくなります。

# ぴったり1 準備

## ⑤　分数倍

✏️ 次の◯にあてはまる数をかきましょう。

🎯 ねらい　分数で何倍かを表すことができるようにしよう。

練習 ➊ ➋ ➌ →

### 🐾 分数倍

　ある数量がもう1つの数量の何倍かを表す数が、分数になることがあります。

　右の図で、$25 \div 35 = \dfrac{25}{35} = \dfrac{5}{7}$ だから、あのテープの長さは、いのテープの長さの $\dfrac{5}{7}$ 倍です。

　このとき、「あのテープの長さは、いのテープの長さの $\dfrac{5}{7}$」ということもあります。

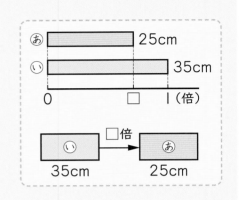

---

**1**　あ、い、う、えの4本のテープがあります。

　い、う、えのテープの長さは、それぞれ、あのテープの長さの何倍ですか。

| あ | 18 cm |
|---|---|
| い | 3 cm |
| う | 14 cm |
| え | 30 cm |

もとの大きさより小さいときは、何倍かを表す数が1より小さくなるね。

**解き方**　いのテープ…$3 \div 18 = \dfrac{1}{6}$ だから、

いはあの ①◯◯ 倍です。

　うのテープ… ②◯◯ $\div 18 =$ ③◯◯ だから、

うはあの ④◯◯ 倍です。

　えのテープ… ⑤◯◯ $\div 18 =$ ⑥◯◯ だから、

えはあの ⑦◯◯ $\left( 1\dfrac{⑧◯}{3} \right)$ 倍です。

あ →□倍→ い
18cm　　3cm

あ →□倍→ う
18cm　　14cm

あ →□倍→ え
18cm　　30cm

ぴったり 2
練 習

★ できた問題には、「た」をかこう！★
でき ①　でき ②　でき ③

教科書　128〜129 ページ　　答え　20 ページ

学習日　月　　　日

**1** 分数で答えましょう。

教科書　128 ページ **1**

① 50 m は、80 m の何倍ですか。

式

わり切れないときも、
分数倍でなら表せるね。

答え（　　　　　　）

② 24 時間は、9 時間の何倍ですか。

式

答え（　　　　　　）

**2** あるお店で売られているケーキのねだんは 360 円、プリンのねだんは 270 円です。
ケーキのねだんは、プリンのねだんの何倍ですか。分数で答えましょう。

教科書　128 ページ **1**

式

答え（　　　　　　）

**3** ともきさんのクラスで、犬を飼っている人と、
ねこを飼っている人の人数を調べると、右の表のように
なりました。　教科書　128 ページ **1**

ペット調べ

| 犬 | 9人 |
|---|---|
| ねこ | １１人 |

① 犬を飼っている人の人数は、ねこを飼っている人の人数の何倍ですか。

式

答え（　　　　　　）

② ねこを飼っている人の人数は、犬を飼っている人の人数の何倍ですか。

式

答え（　　　　　　）

ヒント　❶「△は、□の何倍ですか」の答えを求める式は、△÷□になります。

ぴったり3
確かめのテスト。
❾ 分　数

時間 **30** 分
／100
合格 **80** 点

教科書 | 114〜131 ページ　　答え | 20 ページ

知識・技能
／80点

**1** よく出る 次の分数を約分しましょう。
各2点（4点）

① $\dfrac{6}{9}$

② $\dfrac{16}{40}$

（　　　　）　　　　　　（　　　　）

**2** よく出る 次の分数を通分しましょう。
各2点（4点）

① $\dfrac{1}{4}$、$\dfrac{2}{9}$

② $\dfrac{4}{15}$、$\dfrac{5}{6}$

（　　　　）　　　　　　（　　　　）

**3** よく出る 次の計算をしましょう。
各4点（32点）

① $\dfrac{1}{3} + \dfrac{4}{9}$

② $\dfrac{5}{6} + \dfrac{3}{14}$

③ $\dfrac{3}{8} - \dfrac{5}{16}$

④ $\dfrac{7}{12} - \dfrac{17}{36}$

⑤ $\dfrac{2}{3} + 2\dfrac{4}{9}$

⑥ $2\dfrac{1}{2} + 1\dfrac{5}{6}$

⑦ $2\dfrac{5}{8} - 1\dfrac{3}{4}$

⑧ $3\dfrac{1}{6} - 1\dfrac{3}{10}$

**4** 次の商を分数で表しましょう。
各2点（6点）

① $6 \div 11$　　　② $2 \div 8$　　　③ $14 \div 6$

（　　　　）　　　（　　　　）　　　（　　　　）

**5** ♪く出る 分数は小数で、小数や整数は分数で表しましょう。　　　　各3点（18点）

① $\dfrac{4}{5}$

（　　　　　　　）

② $\dfrac{11}{20}$

（　　　　　　　）

③ $\dfrac{7}{15}\left(\dfrac{1}{100}\text{の位までの小数}\right)$

（　　　　　　　）

④ 0.029

（　　　　　　　）

⑤ 1.04

（　　　　　　　）

⑥ 10

（　　　　　　　）

**6** ♪く出る 分数で答えましょう。　　　　式・答え 各4点（16点）

① 2L は、7L の何倍ですか。

式

答え（　　　　　　　）

② 21g は、27g の何倍ですか。

式

答え（　　　　　　　）

思考・判断・表現　　　　　　　　　　　　　　　　／20点

**7** 公園から西へ $\dfrac{3}{10}$ km のところに駅があり、東へ $\dfrac{1}{3}$ km のところに学校があります。

式・答え 各5点（20点）

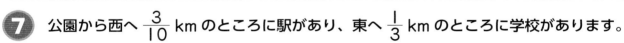

駅　　　　　公園　　　　　学校

$\dfrac{3}{10}$km　　　　$\dfrac{1}{3}$km

① 駅から学校までは、何 km ありますか。

式

答え（　　　　　　　）

② 公園から駅までは、公園から学校までより何 km 近いですか。

式

答え（　　　　　　　）

ふりかえり ❶がわからないときは、56 ページの❷にもどって確にんしてみよう。

付録の「計算せんもんドリル」18〜32 もやってみよう！

ぴったり1
準備

3分でまとめ

⑩ 面 積

① 三角形の面積

学習日 　月　日

教科書 134〜139 ページ　答え 21 ページ

次の □ にあてはまる図や数をかきましょう。

**ねらい** 三角形の底辺と高さがどこにあたるのかがわかるようにしよう。 　練習 ①→

**三角形の底辺と高さ**

三角形ABCで、辺BCを**底辺**とするとき、頂点Aから底辺BCに垂直にひいた直線の長さを**高さ**といいます。

**1** 右の三角形ABCで、辺BCを底辺としたとき、高さはどこになりますか。図にかき入れましょう。

(1) 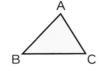　(2) 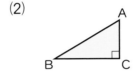　(3)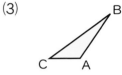

**解き方** 頂点Aから底辺BCに垂直に直線をひきます。

(1) 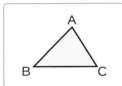　(2) 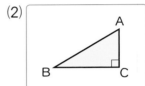　(3)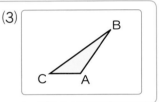

**ねらい** 三角形の面積の求め方を理解しよう。 　練習 ②→

**三角形の面積の公式**

三角形の面積＝底辺×高さ÷2

**2** 次の三角形の面積を求めましょう。

(1) 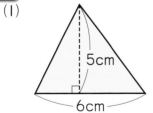　(2) 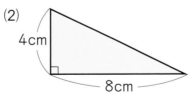　(3)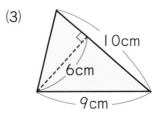

**解き方** (1) この三角形の底辺は6cm、高さは ① □ cm です。

面積は、6×② □ ÷2＝③ □　　答え ④ □ cm²
　　　　　底辺　　高さ

(2) この三角形の底辺は8cm、高さは ① □ cm です。

面積は、8×② □ ÷2＝③ □　　答え ④ □ cm²

(3) この三角形の底辺は10cm、高さは ① □ cm です。

面積は、10×② □ ÷2＝③ □　　答え ④ □ cm²

教科書 134〜139 ページ 答え 21 ページ

 ① 次の三角形の底辺をそれぞれ下のようにきめたとき、高さはどこになりますか。図にかき入れましょう。

教科書 138 ページ 1

①

底辺

②

底辺

③

底辺

2 次の三角形の面積を求めましょう。

教科書 138 ページ 1 、139 ページ 2

①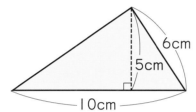

6cm
5cm
10cm

面積を求めるのに、必要のない長さもかいてあるので、注意しよう。

式

答え（　　　　　）

②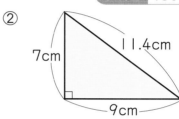

7cm
11.4cm
9cm

式

答え（　　　　　）

③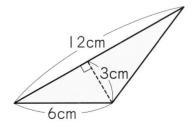

12cm
3cm
6cm

式

答え（　　　　　）

④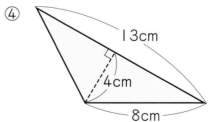

13cm
4cm
8cm

式

答え（　　　　　）

 ヒント 　2 底辺と垂直になっているものが高さです。

67

📖教科書 140〜143ページ　🖇答え 21ページ

✏️ 次の □ にあてはまる図や数をかきましょう。

🎯ねらい 平行四辺形の底辺と高さがどこにあたるのかがわかるようにしよう。　練習 ①→

🐾平行四辺形の底辺と高さ

　平行四辺形の１つの辺を底辺とするとき、その底辺とこれに平行な辺との間のはばを高さといいます。

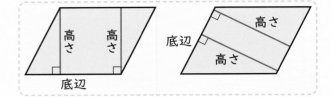

**1**　右の平行四辺形ABCDで、辺BCを底辺としたとき、高さはどこになりますか。図にかき入れましょう。

(1) 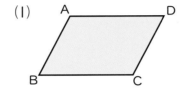　(2)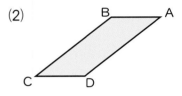

解き方 辺BCと、辺BCに平行な辺ADとの間のはばが高さです。

(1) 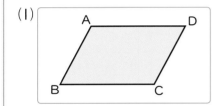　(2)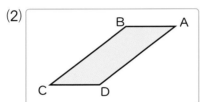

底辺と高さになる直線は、必ず、垂直になるよ。

🎯ねらい 平行四辺形の面積の求め方を理解しよう。　練習 ②→

🐾平行四辺形の面積の公式

**平行四辺形の面積＝底辺×高さ**

**2**　次の平行四辺形の面積を求めましょう。

(1) 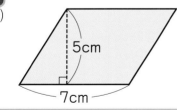　(2) 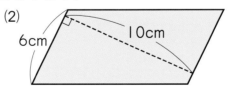　(3)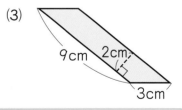

解き方 (1)　この平行四辺形の底辺は7cm、高さは $\boxed{①}$ cm です。

　　面積は、 $7×\boxed{②}=\boxed{③}$　　　答え $\boxed{④}$ cm²
　　　　　　　底辺　高さ

(2)　この平行四辺形の底辺は6cm、高さは $\boxed{①}$ cm です。

　　面積は、 $6×\boxed{②}=\boxed{③}$　　　答え $\boxed{④}$ cm²

(3)　この平行四辺形の底辺は9cm、高さは $\boxed{①}$ cm です。

　　面積は、 $9×\boxed{②}=\boxed{③}$　　　答え $\boxed{④}$ cm²

教科書 140〜143 ページ　答え 21 ページ

**①** 次の平行四辺形の底辺をそれぞれ下のようにきめたとき、高さはどこになりますか。
図にかき入れましょう。

教科書 142 ページ **1**

①
底辺

② 底辺

③
底辺

**②** 次の平行四辺形の面積を求めましょう。

教科書 142 ページ **1**、143 ページ **2**

① 
8cm
10cm

式

答え（　　　　　）

②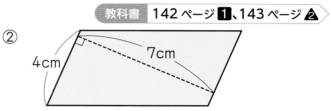
4cm
7cm

式

答え（　　　　　）

③ 
10cm
11cm
5cm

式

④ 
4cm
8cm
4.4cm

式

まず平行四辺形の底辺が
どこになるのかを考えよう。

答え（　　　　　）

答え（　　　　　）

ヒント　**②** ③④　底辺と垂直になっているものが高さです。

69

✏️ 次の□にあてはまる数をかきましょう。

**🎯ねらい** 高さが外にある三角形や平行四辺形の面積を求められるようにしよう。 練習 ①→

🐾 **高さが外にあるときの面積**

高さが外にある三角形や
平行四辺形の面積も、公式を使って求めます。

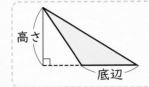
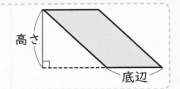

**1** 次の三角形や平行四辺形の面積を求めましょう。

(1)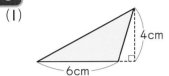

(2)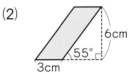

解き方 (1)　6×□÷2=□　　答え □ cm²

(2)　3×□=□　　答え □ cm²

公式にあては
めてみよう。

**🎯ねらい** 平行な2本の直線にはさまれた平行四辺形の性質を理解しよう。 練習 ②→

底辺の長さが等しく、高さも
等しい平行四辺形は、面積も
等しくなります。

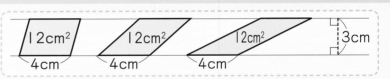

**🎯ねらい** 台形・ひし形の面積の求め方を理解しよう。 練習 ③→

🐾 **台形の面積の公式**

台形の面積＝（上底＋下底）×高さ÷2

🐾 **ひし形の面積の公式**

ひし形の面積＝対角線×対角線÷2

**2** 次の台形やひし形の面積を求めましょう。

(1)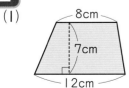

(2)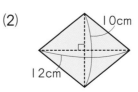

解き方 (1)　（8＋12）×□÷2=□　　答え □ cm²

　　　　　上底　下底　　高さ

(2)　10×□÷2=□　　答え □ cm²

　　　対角線　対角線

ぴったり2
練習

★ できた問題には、「た」をかこう！★
でき ① でき ② でき ③

学習日　　月　　日

教科書 144～150 ページ　答え 22 ページ

**1** 次の三角形や平行四辺形の面積を求めましょう。　教科書 144 ページ **1**、145 ページ **2**

①

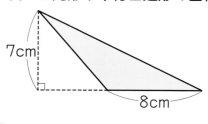

7cm
8cm

式

答え（　　　　　）

②

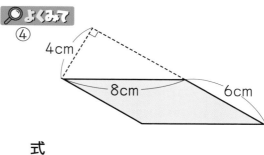

9cm
5cm
12cm

式

答え（　　　　　）

③

10cm
12cm

式

答え（　　　　　）

🔍よくみて
④

4cm
8cm
6cm

式

答え（　　　　　）

**2**　次のような平行な2本の直線にはさまれた三角形があります。
あの面積は 21 cm² です。い、うの面積を求めましょう。　教科書 146 ページ **1**・**2**

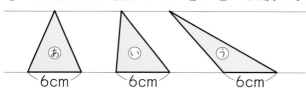

あ 6cm　い 6cm　う 6cm

い（　　　　　）　　う（　　　　　）

**3** 次の台形やひし形の面積を求めましょう。　教科書 147 ページ **1**、150 ページ **1**

①

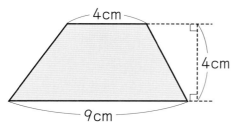

4cm
4cm
9cm

式

答え（　　　　　）

②

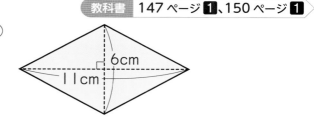

6cm
11cm

式

答え（　　　　　）

　**2** 底辺は6cmで等しく、平行な2本の直線にはさまれているので、
高さも等しくなります。

71

📖教科書 152〜154 ページ　📑答え 22 ページ

✏️次の◯にあてはまる数やことばをかきましょう。

🎯**ねらい** 多角形の面積の求め方を理解しよう。　練習 ①②➡

🐾**多角形の面積**

多角形の面積は、対角線でいくつかの三角形に分けて求めることができます。

または

**1** 右の四角形の面積を求めましょう。

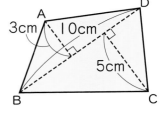

**解き方** 2つの三角形に分けて考えます。

❶ 三角形ABDの面積は、

$10 \times$ ◯① $\div 2 =$ ◯② $(cm^2)$

❷ 三角形BCDの面積は、

$10 \times$ ◯③ $\div 2 =$ ◯④ $(cm^2)$

❸ 四角形ABCDの面積は、

$15 +$ ◯⑤ $=$ ◯⑥

答え ◯⑦ $cm^2$

🎯**ねらい** 三角形や平行四辺形の高さと面積の関係を理解しよう。　練習 ③➡

🐾**三角形の高さと面積の関係**

底辺が一定の三角形は、高さが2倍、3倍、……になると、面積も2倍、3倍、……になります。

このとき、面積は高さに比例します。

**2** 右の図のように、三角形の底辺を8cmときめて、高さを1cm、2cm、3cm、……と変えていきます。

このとき、面積は高さに比例しますか。

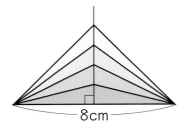

8cm

**解き方** 表にかいて調べてみます。

| 高さ（cm） | 1 | 2 | 3 | 4 | 5 | |
|---|---|---|---|---|---|---|
| 面積（cm²） | 4 | ◯① | ◯② | ◯③ | ◯④ | |

高さが2倍、3倍、……になると、

面積も ◯⑤ 倍、 ◯⑥ 倍、……になるので、面積は高さに比例 ◯⑦ 。

ぴったり 2
# 練習

★ できた問題には、「た」をかこう！ ★
 でき ①  でき ②  でき ③

学習日　月　日

教科書　152〜154 ページ　　答え　22 ページ

**1** 次の四角形の面積を求めましょう。

教科書　152 ページ **1**

①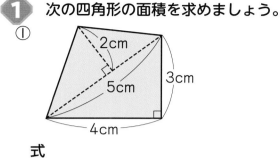

式

答え（　　　　　）

② 
7.4cm
7cm
2cm
10cm

式

答え（　　　　　）

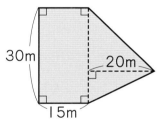 よくみて

**2** 次の図は、ある土地の大きさをはかってかいたものです。
この土地の面積は何 $m^2$ ですか。

教科書　153 ページ **2**

30m
20m
15m

長方形の向かい合う
2つの辺の長さは、等しいよ。

（　　　　　）

**3** 右の図のように、平行四辺形の高さを5cmときめて、底辺を
1cm、2cm、3cm、……と変えていきます。

教科書　154 ページ **1・2**

5cm

① 下の表のあいているところにあてはまる数をかきましょう。

| 底辺（cm） | 1 | 2 | 3 | 4 | |
|---|---|---|---|---|---|
| 面積（cm²） | 5 | | | | |

② 底辺が2倍、3倍、……になると、面積はどうなりますか。

（　　　　　）

③ 面積は底辺に比例しますか。

（　　　　　）

ヒント　**2** 長方形と三角形に分けて考えます。

73

ぴったり3
確かめのテスト

⑩ 面 積

時間 30 分

／100

合格 80 点

教科書 134〜156 ページ ｜答え 22 ページ

知識・技能

／80点

**1** 次の ⬭ にあてはまることばをかきましょう。

全部できて 1問4点(16点)

① 三角形の面積＝ ⬚ × ⬚ ÷2

② 平行四辺形の面積＝ ⬚ × ⬚

③ 台形の面積＝( ⬚ ＋ ⬚ )× ⬚ ÷2

④ ひし形の面積＝ ⬚ × ⬚ ÷2

**2** よく出る 次の三角形や平行四辺形の面積を求めましょう。

式・答え 各4点(32点)

①

7cm

14cm

式

答え (　　　　　)

②

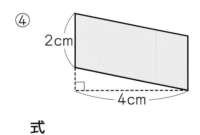

3.5cm

8cm

式

答え (　　　　　)

③

11cm

2cm

4cm

式

答え (　　　　　)

④

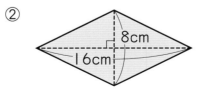

2cm

4cm

式

答え (　　　　　)

**3** よく出る 次の台形やひし形の面積を求めましょう。

式・答え 各4点(16点)

①

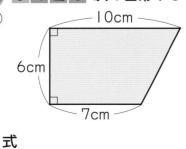

10cm

6cm

7cm

式

答え (　　　　　)

②

8cm

16cm

式

答え (　　　　　)

**4** 次の四角形や五角形の面積を求めましょう。

式・答え 各4点（16点）

①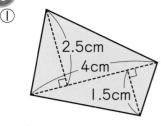

式

答え（　　　　　）

②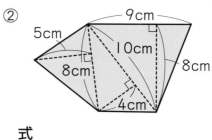

式

答え（　　　　　）

---

思考・判断・表現　　　／20点

**5** 右の図のように、三角形の底辺を7cmときめて、
高さを1cm、2cm、3cm、……と変えていきます。

各5点（10点）

① 高さが1cm増えると、面積は何cm²増えますか。

（　　　　　）

② 面積は高さに比例しますか。

（　　　　　）

**6** 下の図で、色をぬった部分の面積を求めましょう。

各5点（10点）

①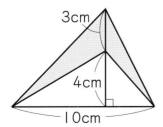

（　　　　　）

できたらスゴイ！
②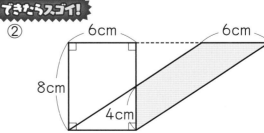

（　　　　　）

ふりかえり　**1**①がわからないときは、66ページの**2**にもどって確にんしてみよう。

11 平均とその利用
① 平 均
② 平均を使って

学習日

月　日

教科書 157〜163ページ　答え 23ページ

✏️ 次の □ にあてはまる数をかきましょう。

◎ねらい　平均の求め方を理解しよう。　　　　　　　　練習 ① ④ →

🐾 平均

　いくつかの数量を、同じ大きさになるようにならしたものを、
それらの数量の**平均**といいます。

　平均を求めるときは、０のときも個数に入れます。

**平均＝合計÷個数**

**1** 　４個のオレンジからとれたジュースの量を調べたら、次のようでした。

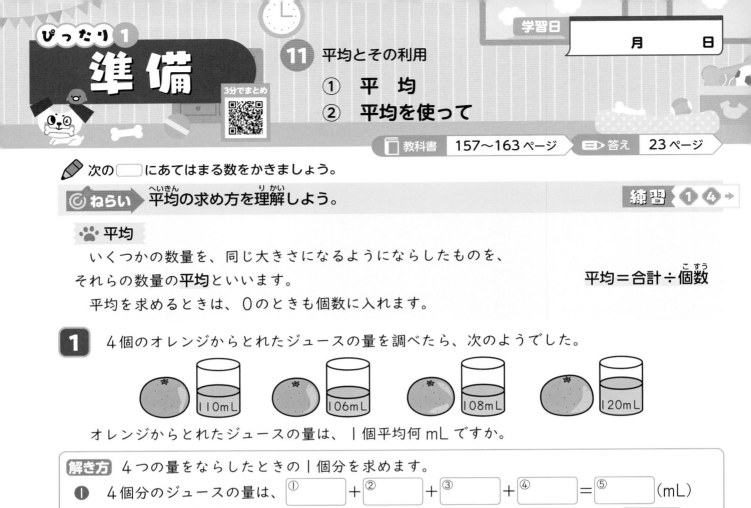

110mL　　106mL　　108mL　　120mL

　オレンジからとれたジュースの量は、１個平均何 mL ですか。

解き方　４つの量をならしたときの１個分を求めます。

❶　４個分のジュースの量は、①□＋②□＋③□＋④□＝⑤□（mL）

❷　１個分は、⑥□÷4＝⑦□（mL）　　　　答え ⑧□ mL

◎ねらい　平均と合計の関係を理解しよう。　　　　　　練習 ② ③ →

🐾 平均と合計

　平均＝合計÷個数　→　**合計＝平均×個数**

**2** 　ふくろにじゃがいもが 18 個はいっています。

　その中から４個取り出して重さをはかると、

76 g、84 g、70 g、92 g でした。

(1)　４個のじゃがいもの１個平均の重さは、何 g ですか。

(2)　じゃがいも 18 個の重さは、何 g になると考えられますか。

解き方 (1)　平均＝合計÷個数　の式にあてはめて求めます。

　　　４個の重さの合計は、76＋84＋70＋92＝①□（g）

　　　１個平均の重さは、②□÷4＝③□（g）

　　　　　　　　　　答え ④□ g

平均と個数がわかれば、
全体の量を求める
ことができるね。

(2)　合計＝平均×個数　の式にあてはめて求めます。

　　　１個平均の重さは①□ g で、個数は 18 個です。

　　　したがって、18 個の重さの合計は、

　　　②□×③□＝④□（g）　　答え ⑤□ g

教科書 157〜163ページ　答え 23ページ

**1** 5個のたまごの重さをはかったら、次のようでした。
たまごの重さは、1個平均何gですか。

教科書 158ページ **1**

式

| 60g | 58g | 62g | 60g | 65g |

答え（　　　　　　　）

**2** 道路の工事で、先週の月曜日から
土曜日までの6日間に工事をした時間を
調べたら、右のようでした。

教科書 159ページ **3**、160ページ **5**

| 曜　日 | 月 | 火 | 水 | 木 | 金 | 土 |
|---|---|---|---|---|---|---|
| 時　間 | 4 | 3 | 5 | 0 | 2 | 4 |

① 先週は、1日平均何時間工事をしたことになりますか。

式　　　　　　　　　　　　　答え（　　　　　　　）

② 20日間では、何時間工事をすると考えられますか。

式　　　　　　　　　　　　　答え（　　　　　　　）

**3** クラスで、A、B2つのグループに分かれてつるを
折りました。
それぞれのグループの人数と折ったつるの1人平均の数は、
右のようでした。　　　教科書 161ページ **8**

折りづる
| | 人数 | 1人平均の数 |
|---|---|---|
| A | 16人 | 10わ |
| B | 14人 | 13わ |

① A、B2つのグループは、それぞれ折りづるを何わ折りましたか。

A（　　　　　　　）　B（　　　　　　　）

② クラス全体では、1人平均何わ折ったことになりますか。

式

答え（　　　　　　　）

**4** 右の表は、ゆいなさんが、10歩ずつ5回歩いたときの記録です。
ゆいなさんの歩はばは、何mといえばよいですか。
答えは四捨五入して、上から2けたの概数で求めましょう。

教科書 162ページ **1**

ゆいなさんの記録
| 回 | 10歩のきょり |
|---|---|
| 1 | 6m15cm |
| 2 | 6m21cm |
| 3 | 6m13cm |
| 4 | 6m24cm |
| 5 | 6m22cm |

式

答え（　　　　　　　）

ヒント　**3** ② 折りづるの数の合計を人数の合計でわります。

⑪ 平均とその利用

時間 **30** 分

／100

合格 **80** 点

教科書 157〜165 ページ ＞ 答え 23 ページ

知識・技能 ／64点

**1** よく出る 7個のみかんの重さをはかったら、次のようでした。

　98g　　102g　　95g　　110g　　100g　　99g　　96g

みかんの重さは、1個平均何gですか。　　　　　　　式・答え 各5点(10点)

式

　　　　　　　　　　　　　　　　　　　　　答え（　　　　　　　）

**2** よく出る まきさんのクラスで、先週の月曜日から金曜日までの間に欠席した人数は、次のようでした。

　先週は、1日平均何人が欠席したことになりますか。　　式・答え 各5点(10点)

| 曜　日 | 月 | 火 | 水 | 木 | 金 |
|---|---|---|---|---|---|
| 人　数 | 2 | 3 | 0 | 1 | 3 |

式

　　　　　　　　　　　　　　　　　　　　　答え（　　　　　　　）

**3** 先週の月曜日から金曜日までの間に、学校の図書室を利用した人数を調べたら、次のようでした。　　　　　　　　　　　　　　式・答え 各5点(20点)

| 曜　日 | 月 | 火 | 水 | 木 | 金 |
|---|---|---|---|---|---|
| 人　数 | 36 | 40 | 32 | 25 | 47 |

① 　先週は、1日平均何人が利用したことになりますか。

　式

　　　　　　　　　　　　　　　　　　　　　答え（　　　　　　　）

② 　利用する1日平均の人数が先週と同じとすると、この月の登校日 22 日間では、何人が利用すると考えられますか。

　式

　　　　　　　　　　　　　　　　　　　　　答え（　　　　　　　）

**4** りんごのはいった箱があります。その中から6個取り出して重さをはかると、次のようでした。

210g　　208g　　195g　　212g　　200g　　205g

式・答え　各6点(24点)

① 6個のりんごの1個平均の重さは、何gですか。

式

答え（　　　　　　）

② りんご40個の重さは、何kgになると考えられますか。

式

答え（　　　　　　）

---

**思考・判断・表現**　　　　　　　　　　　　　　　　　／36点

**5** 右の表は、5年生の各クラスの人数と、算数のテストの点数の平均です。

1組と2組全体の点数の平均は、何点ですか。　式・答え　各6点(12点)

算数のテストの点数

|  | 人数 | 点数の平均 |
|---|---|---|
| 1組 | 24人 | 90点 |
| 2組 | 26人 | 85点 |

式

答え（　　　　　　）

**6** 右の表は、はるなさんが、10歩ずつ5回歩いたときの記録です。

式・答え　各6点(24点)

① はるなさんの歩はばは、何mといえばよいですか。

式

はるなさんの記録

| 回 | 10歩のきょり |
|---|---|
| 1 | 6m 36 cm |
| 2 | 6m 28 cm |
| 3 | 6m 26 cm |
| 4 | 6m 31 cm |
| 5 | 6m 29 cm |

答え（　　　　　　）

② はるなさんが、学校から公園まで歩くと、800歩ありました。
学校から公園までは、何mと考えられますか。
答えは四捨五入して、上から2けたの概数で求めましょう。

式

答え（　　　　　　）

**ふりかえり** ❶がわからないときは、76ページの❶にもどって確にんしてみよう。

ぴったり 1
準備

12 単位量あたりの
大きさ

3分でまとめ

学習日
月　日

教科書 166〜170ページ　　答え 24ページ

次の □ にあてはまる数やことばをかきましょう。

**ねらい** 単位量あたりの大きさでくらべる方法を理解しよう。

練習 ① ② ④ ⑤ →

こみぐあいや作物のとれる量などは、「カーペット｜まいあたりの人数」や「面積｜m²あたりに
とれる量」のように、**単位量あたりの大きさ**を調べてくらべるとよくわかります。

**1** A室とB室のこみぐあいを、「カーペット｜まいあたりの
子どもの数」と、「子ども｜人あたりのカーペットの数」の
2とおりの方法でくらべましょう。

部屋わり

|  | A室 | B室 |
|---|---|---|
| カーペットの数（まい） | 15 | 18 |
| 子どもの数（人） | 8 | 10 |

**解き方** ● カーペット｜まいあたりの子どもの数でくらべると、

A室は、① □ ÷15＝② □ で、約③ □ 人。

$\frac{1}{1000}$ の位を四捨五入します。

B室は、④ □ ÷18＝⑤ □ で、約⑥ □ 人。

カーペット｜まいあたりの子どもの数が多いほどこんでいるから、

⑦ □ のほうがこんでいるといえます。

● 子ども｜人あたりのカーペットの数でくらべると、

A室は、⑧ □ ÷8＝⑨ □ で、⑩ □ まい。

B室は、⑪ □ ÷10＝⑫ □ で、⑬ □ まい。

子ども｜人あたりのカーペットの数が少ないほどこんでいるから、

⑭ □ のほうがこんでいるといえます。

どういう場合がこんで
いるといえるのか、
よく考えよう。

**ねらい** 人口密度の求め方を理解しよう。

練習 ③ →

**🐾 人口密度** ｜km²あたりの人口を、**人口密度**といいます。

**人口密度＝人口（人）÷面積（km²）**

**2** A町の人口は 23800 人、面積は 27km² です。
また、B市の人口は 56400 人、面積は 58km² です。
｜km² あたりの人口が多いのはどちらですか。

**解き方** A町の人口密度は、① □ ÷27＝② □ より、約③ □ 人。

÷ $\frac{1}{10}$ の位を四捨五入します。

B市の人口密度は、④ □ ÷58＝⑤ □ より、約⑥ □ 人。

したがって、⑦ □ のほうが｜km²あたりの人口が多いといえます。

ぴったり2
# 練習

★ できた問題には、「た」をかこう！★
でき ① でき ② でき ③ でき ④ でき ⑤

学習日　　月　　日

教科書 166〜170ページ 答え 24ページ

① あるおかしをつくるＡ、Ｂ2台の機械があります。
Ａの機械では、5分で200個つくれます。
Ｂの機械では、12分で420個つくれます。
同じ時間でより多くのおかしをつくれるのは、どちらの機械ですか。 教科書 169ページ❷

（　　　　　　）

② 2個で320円のりんごと、3個で450円のりんごを売っています。
どちらのりんごが高いといえますか。
1個あたりのねだんでくらべましょう。 教科書 169ページ❸

（　　　　　　）

③ 右の表は、Ａ市とＢ市の人口と面積を表したものです。
1km²あたりの人口が多いのはどちらですか。 教科書 170ページ❶

A市とB市の人口と面積

| | 人口（人） | 面積（km²） |
|---|---|---|
| Ａ市 | 556320 | 152 |
| Ｂ市 | 355680 | 96 |

（　　　　　　）

④ Ａ、Ｂ2台の自動車があります。
Ａの自動車は、40Ｌのガソリンで480km走れます。
Ｂの自動車は、60Ｌのガソリンで540km走れます。
同じガソリンの量でより長いきょりを走れるのは、どちらの自動車ですか。 教科書 170ページ❷

（　　　　　　）

⑤ じゃがいものとれた量を調べたら、
ゆうまさんの家では、70m²の畑から105kgとれました。
かずきさんの家では、90m²の畑から126kgとれました。
1m²あたりにとれるじゃがいもの量は、どちらがどれだけ多いですか。 教科書 170ページ❸

（　　　　　　）

● ヒント ④ 「1Ｌあたりで走れるきょり」か、「1km走るのに使うガソリンの量」でくらべます。計算がかんたんなほうでくらべましょう。

81

⑫ **単位量あたりの大きさ**

時間 **30**分

／100

合格 **80**点

教科書 166〜171 ページ ▷ 答え 25 ページ

知識・技能 ／56点

① **よく出る** 大、小２つの水そうに金魚がいます。

右の表は、水そうにはいっている水の量と金魚の数を調べたものです。 大、小それぞれの式・答え 各4点(36点)

**水そうの水の量と金魚の数**

| | 水の量（L） | 数（ひき） |
|---|---|---|
| 大 | 15 | 12 |
| 小 | 10 | 7 |

① それぞれの水そうの、水１L あたりの金魚の数を求めましょう。

式 大

　小

　　　　　　　　　答え 大 (　　　　　) 小 (　　　　　)

② それぞれの水そうの、金魚１ぴきあたりの水の量を求めましょう。
答えは四捨五入して、上から２けたの概数で求めましょう。

式 大

　小

　　　　　　　　　答え 大 (　　　　　) 小 (　　　　　)

③ どちらの水そうのほうがこんでいるといえますか。

　　　　　　　　　　　　　　　(　　　　　　　)

② Aの列車は８両に 960 人乗っていて、Bの列車は 10 両に 1100 人乗っています。
どちらの列車のほうがこんでいるといえますか。
１両あたりの人数でくらべましょう。 式・答え 各5点(10点)

式

　　　　　　　　　　　　　　　答え (　　　　　　)

③ A、B２つの花だんに球根を植えました。
右の表は、花だんの面積と球根の数を表したものです。
どちらの花だんのほうがこんでいるといえますか。 式・答え 各5点(10点)

**花だんの面積と球根の数**

| | 面積（m²） | 球根（個） |
|---|---|---|
| A | 5 | 32 |
| B | 8 | 50 |

式

　　　　　　　　　　　　　　　答え (　　　　　　)

思考・判断・表現　　　　　　　　　　　　　　　　　　／44点

**4** よく出る A町とB町の人口と面積を調べたら、右の表のようになりました。　A、Bそれぞれの式・答え 各4点(20点)

A町とB町の人口と面積

| | 人口（人） | 面積（km²） |
|---|---|---|
| A町 | 8616 | 80 |
| B町 | 6356 | 56 |

① A町とB町の人口密度をそれぞれ求めましょう。

答えは $\frac{1}{10}$ の位を四捨五入して、整数で求めましょう。

式　A町


　　B町


答え　A町　（　　　　　　　）

　　　B町　（　　　　　　　）

② １km² あたりの人口が多いのはどちらですか。

（　　　　　　　）

**5** A、B２台の自動車があります。

Aの自動車は、25Lのガソリンで275km走れます。

Bの自動車は、36Lのガソリンで450km走れます。　　式・答え 各4点(24点)

① ガソリン１L あたりでは、どちらの自動車のほうがより長いきょりを走れるといえますか。

式


答え　（　　　　　　　）

② 60Lのガソリンで走れるきょりは、AとBの自動車で何km ちがいますか。

式


答え　（　　　　　　　）

できたらスゴイ！

③ 1100km 走ったときに使うガソリンの量は、AとBの自動車で何L ちがいますか。

式


答え　（　　　　　　　）

 ふりかえり　❶がわからないときは、80ページの❶にもどって確にんしてみよう。

見方・考え方を深めよう(2)

# 遊園地へゴー！

〈さしひいて考えて〉

**1** おかし6個をかごにつめてもらったら、かご代をふくめて1100円でした。
同じかごでおかしを4個にすると、800円になるそうです。
おかし1個のねだんは何円ですか。
また、かご代は何円ですか。

① かごを⑰、おかしを⑯として、下のような図に表しました。
図の□にあてはまる数をかきましょう。

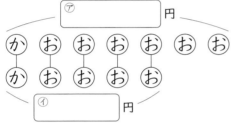

② おかし1個のねだんは何円ですか。

式 (1100−800)÷2＝

答え (　　　　　　　　)

③ かご代は何円ですか。

式 800−150×4＝
↳おかし4個のねだん

答え (　　　　　　　　)

かごとおかし4個を
さしひいて考えよう。

**2** 大小2種類のシールがあります。
大2まいと小5まいを買うと640円、大1まいと小5まいを買うと520円になるそうです。
大小のシール1まいのねだんは、それぞれ何円ですか。

式

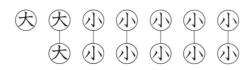

答え　大のシール1まい (　　　　　　　)

小のシール1まい (　　　　　　　)

〈おきかえて考えて〉

**3** メリーゴーランドに、おとなと子どもがあわせて 40 人乗りました。
そのうち、子どもの数は、おとなの数の 3 倍でした。
おとなと子どもの数は、それぞれ何人ですか。

① 図の ⬚ にあてはまる数やことばをかきましょう。

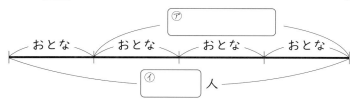

おきかえて考えると、
おとなの数の 4 倍が
40 人だね。

② おとなの数は何人ですか。

式 40÷4＝        答え （          ）

③ 子どもの数は何人ですか。

式 10×3＝        答え （          ）

**4** メリーゴーランドは、子ども 2 人分とおとな 1 人分の料金をあわせると、1200 円になるそうです。
子ども 1 人分の料金の 2 倍が、おとな 1 人分の料金です。
子ども 1 人分とおとな 1 人分の料金は、それぞれ何円ですか。
図にかいて考えましょう。

├─────┼─────┼─────┼─────┤

式            答え  子ども 1 人分 （          ）

おとな 1 人分 （          ）

**5** だいきさんと妹の持っているおかねは、あわせて 2000 円です。
だいきさんの持っているおかねは、妹の 4 倍だそうです。
2 人の持っているおかねは、それぞれ何円ですか。
図にかいて考えましょう。

├─────┼─────┼─────┼─────┤

式            答え    妹 （          ）

だいきさん （          ）

85

⓭ 割 合⑵

① 割 合

📖 教科書 174〜179 ページ　　▣▶ 答え 26 ページ

✏️ 次の◯◯にあてはまる数をかきましょう。

🎯 **ねらい** 割合を求められるようにしよう。　　練習 ❶❷➡

😺 **割合を求める式**

割合は次の式で求めることができます。

**割合＝くらべる量÷もとにする量**

もとにする量を
1と考えるんだね。

**1** 定員が100人の電車に、東行きは120人、西行きは82人乗っていました。

東行き、西行きに乗っていた人数は、それぞれ定員の何倍ですか。

**解き方** 図をもとに考えます。

東行き　①◯◯÷100＝②◯◯

　　　　答え ③◯◯ 倍

西行き　④◯◯÷100＝⑤◯◯

　　　　答え ⑥◯◯ 倍

🎯 **ねらい** くらべる量やもとにする量を求められるようにしよう。　　練習 ❸❹➡

😺 **くらべる量、もとにする量を求める式**

割合を使って、くらべる量やもとにする量を求めることができます。

⭐ **くらべる量＝もとにする量×割合**

⭐ **もとにする量＝くらべる量÷割合**

**2** 次の人数を求めましょう。

⑴ ある学校のサッカークラブの定員は50人で、定員の1.4倍の希望者がいました。

　希望者は何人いましたか。

⑵ ある学校の書道クラブの希望者は28人います。これは、定員の0.7倍にあたります。

　書道クラブの定員は何人ですか。

**解き方** 図をもとに考えます。

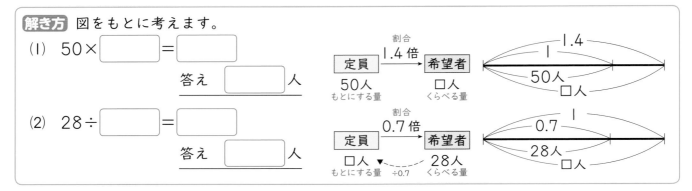

⑴　50×◯◯＝◯◯

　　　　答え ◯◯ 人

⑵　28÷◯◯＝◯◯

　　　　答え ◯◯ 人

教科書 174〜179 ページ　　答え 26 ページ

**1** ある子ども会の人数は 50 人で、そのうち 5 年生は 30 人、6 年生は 20 人です。

教科書 175 ページ **1**・**2**

① 6 年生の人数は、子ども会全体の人数の何倍ですか。

式

答え（　　　　　　　　　）

② 5 年生の人数は、6 年生の人数の何倍ですか。

式

答え（　　　　　　　　　）

**2** 花だんに 40 個の種をまいたら、36 個が芽を出しました。
まいた種の個数をもとにしたときの、芽が出た種の個数の割合を求めましょう。

教科書 176 ページ **1**

式

答え（　　　　　　　　　）

**3** さくらさんは 800 円持っています。
妹が持っているおかねは、さくらさんの 0.65 倍です。
妹は、何円持っていますか。

教科書 177 ページ **1**

式

答え（　　　　　　　　　）

**4** あめが 27 個あります。
これは、チョコレートの数の 1.5 倍にあたります。
チョコレートは何個ありますか。

教科書 178 ページ **1**

式

答え（　　　　　　　　　）

**ヒント** ④ わからない量を□として、ことばの式のとおりに表してみましょう。
（チョコレートの数）×（割合）＝（あめの数）

# ぴったり① 準備

**⓭ 割 合(2)**
**② 百分率**
**③ 割合を使って**

📖 教科書 180～185 ページ ▶ 答え 26 ページ

✏️ 次の ⬜ にあてはまる数をかきましょう。

🎯**ねらい** 百分率、歩合の意味がわかるようにしよう。

練習 ❶❷❸→

🐾 **百分率、歩合**

⭐百分率では、0.01 倍のことを **1%**(1パーセント)といいます。

⭐歩合では、割合を表す 0.1 を **1割**、0.01 を **1分**、0.001 を **1厘** といいます。

**1** 次の割合を表す数を、(1)は百分率で、(2)(3)は小数で表しましょう。
(1) 0.26　　　　　　(2) 52 %　　　　　　(3) 6割3厘

**解き方** (1)　0.26 は 0.01 の 26 倍だから、0.26 は ⬜ % です。

(2)　52 % は 1% の 52 倍だから、52 % は小数で表すと ⬜ です。

(3)　6割は小数で表すと ⬜ 、3厘は ⬜ なので、6割3厘は ⬜ です。

**2** おもちゃを、もとのねだんの 70 % で買いました。代金は 2100 円でした。
もとのねだんは何円ですか。

**解き方** 百分率を使った問題では、百分率を、割合を表す小数になおして考えます。
70 % を小数で表すと、0.7 です。
2100 円が「くらべる量」、
0.7 が「割合」にあたるから、

①⬜ ÷ ②⬜ = ③⬜

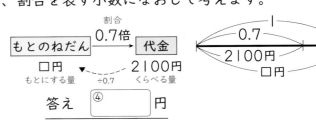

答え ④⬜ 円

🎯**ねらい** 何倍にあたるかを考えて、問題が解けるようにしよう。

練習 ❹❺→

割合を使って問題を考えるときは、数量の関係を図に表して、
それぞれの部分が 1 にあたる部分の何倍にあたるかを考えます。

**3** これまで 1 ふくろ 60 g 入りだったおかしが、15 % 増量して売られています。
いま売られているおかしは、1 ふくろ何 g 入りですか。

**解き方** これまでの重さを 1 とします。数量の関係を図に表すと、下のようになります。

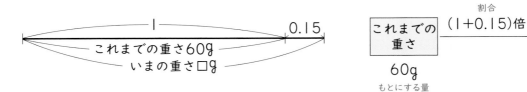

いまの重さは、これまでの重さの $\left(1+①⬜\right)$ 倍にあたるから、

式　$60×\left(1+②⬜\right)=③⬜$

答え ④⬜ g

ぴったり 2
# 練習
★ できた問題には、「た」をかこう！★
でき ① でき ② でき ③ でき ④ でき ⑤

学習日　　　月　　　日

教科書 180〜185 ページ　答え 27 ページ

**1** 下の表で、割合を表す小数と百分率、歩合の等しいものが、
たてにならぶようにしましょう。

教科書 180 ページ ②、182 ページ ②

| 割合を表す小数 | ① | 0.45 | ⑤ | ⑦ | 0.526 |
|---|---|---|---|---|---|
| 百分率 | 20 % | ③ | ⑥ | 8 % | ⑨ |
| 歩合 | ② | ④ | 6割 | ⑧ | ⑩ |

**2** 1500円のサッカーボールが、もとのねだんの 90 % で売られています。
何円で売られていますか。

教科書 181 ページ 4

式

答え（　　　　　　　　）

**3** 右の表は、きゅうりとトマトの、去年と
ことしのねだんを調べたものです。
去年からことして、ねだんの上がり方が大きいのは
どちらですか。割合を使ってくらべましょう。

教科書 183 ページ 1

| 野　菜 | 去　年 | ことし |
|---|---|---|
| きゅうり | 50 円 | 80 円 |
| トマト | 120 円 | 150 円 |

式

答え（　　　　　　　　）

**4** ねだんが 900 円の筆箱を 30 % 引きで買います。
代金は何円ですか。

教科書 184 ページ ②

式

答え（　　　　　　　　）

**5** そうじ機をもとのねだんの 20 % 引きで買うと、代金は 20000 円でした。
もとのねだんは何円ですか。

教科書 185 ページ ④

式

答え（　　　　　　　　）

 ヒント　④ もとのねだんを 1 とすると、30 % 引きされたあとの代金は
（1−0.3）倍になります。

ぴったり③
確かめのテスト

⓭ 割 合(2)

時間 30 分
／100
合格 80 点

教科書 174〜187 ページ　答え 27 ページ

---

**知識・技能**　／28点

**1** 次の割合を表す小数は百分率に、百分率は割合を表す小数にしましょう。　各4点(16点)

① 0.79

② 1.4

（　　　　　　）

（　　　　　　）

③ 2 %

④ 45.3 %

（　　　　　　）

（　　　　　　）

**2** よく出る 次の◯◯にあてはまる数を求めましょう。　各4点(12点)

① 500 人の [　　　] % は 325 人です。

② 95 cm の 40 % は、[　　　] cm です。

③ 2.4 L は、[　　　] L の 60 % です。

---

**思考・判断・表現**　／72点

**3** よく出る ある動物園の入園者数を調べたら、先週は 150 人で、今週は 180 人でした。

式・答え 各4点(24点)

① 今週の入園者数は、先週の何倍ですか。

式

答え（　　　　　　）

② 今週の入園者数の 0.75 倍が子どもでした。
　今週の子どもの入園者数は何人ですか。

式

答え（　　　　　　）

③ 今週の入園者数は、先月の入園者数の 0.3 倍にあたるそうです。
　先月の入園者数は何人でしたか。

式

答え（　　　　　　）

**4** 250 g の食塩水があります。

　この中には、食塩が 30 g とけています。

　とけている食塩の重さは、食塩水全体の何 % ですか。　　式・答え 各4点(8点)

式

答え（　　　　　　）

**5** ある店の開店セールで、どの品物ももとのねだんの 25 % 引きで売られています。

式・答え 各4点(16点)

① ねだんが 600 円の品物は何円で買えますか。

式

答え（　　　　　　）

② 1500 円で買った品物のもとのねだんは何円ですか。

式

答え（　　　　　　）

**6** 右の表は、バナナとりんごの、去年と

ことしのねだんを調べたものです。

　去年からことしで、ねだんの上がり方が大きいのは

どちらですか。　　式・答え 各4点(8点)

| くだもの | 去　年 | ことし |
|---|---|---|
| バナナ | 200 円 | 300 円 |
| りんご | 250 円 | 350 円 |

式

答え（　　　　　　）

**7** 大売出しで、2000 円の品物を、20 % 引きにしました。　　式・答え 各4点(16点)

① 20 % 引きの代金は何円ですか。

式

答え（　　　　　　）

**できたらスゴイ!**

② なかなか売れないので、さらに①の代金の 15 % 引きにしました。

　さらに 15 % 引きした代金は何円ですか。

式

答え（　　　　　　）

 ❶がわからないときは、88 ページの❶にもどって確にんしてみよう。

学びをいかそう

# 人文字

教科書　188〜189ページ　答え　28ページ

　ともきさんの小学校で、みんなが1mおきにならんで、
人文字をつくることにしました。

★1　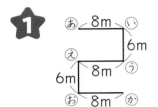　左のような2の文字をつくります。
　　　何人でつくることができるか、考えましょう。

① 　2の文字を1本の直線に変えたとき、図の □ にあてはまる数をかきましょう。

↑うすい字はなぞりましょう。

② 　あからいまでは、何人ならびますか。

（　　　　　　　）

　　　　　　　　　間の数は
　　　　　　　　　いくつあるかな。

③ 　②から、間の数に1をたすと、ならぶ人数になることがわかります。
　　　2の文字全体では何人ならびますか。

　式　（8＋6＋8＋6＋8）＋1＝

答え（　　　　　　　）

**2** 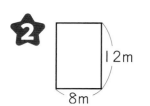 左のような0の文字をつくります。
何人でつくることができますか。

かんたんな場合で考えて、

と直線に変えてみよう。
○は重なるところなので、
人がいないと考えよう。

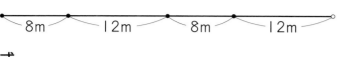

式

答え（　　　　　）

**3** 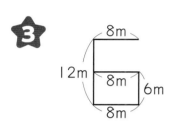 左のような6の文字をつくります。
何人でつくることができますか。

式

答え（　　　　　）

⚠️**まちがい注意**

**4** 右のような花だんのまわりに、1mおきに植木ばちをならべます。
植木ばちは全部で何個いりますか。

式

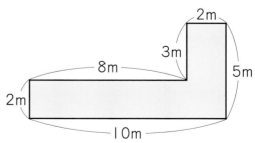

答え（　　　　　）

# 活用

学びをいかそう

## 見積もりを使って（さしひいて）

教科書 190〜191ページ　　答え 28ページ

〈さしひいて〉

**1** お店で野球のバットとボールを買おうと思います。

□にあてはまる数やことばをかきましょう。

① まなみさんは、右のバットとボールが 2000 円で
買えるかどうかを、次のように見積もりました。
まなみさんの考え方を説明しましょう。

1185円　850円

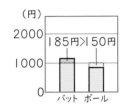
（円）
2000
185円>150円
1000
0
バット ボール

バットは 1000 円より □ 円高い。

ボールは 1000 円より □ 円安い。

さしひいて見積もると、2000 円で □ 。

② ひろとさんは、右のバットとボールが 2000 円で
買えるかどうかを、次のように見積もりました。
ひろとさんの考え方を説明しましょう。

1275円　720円

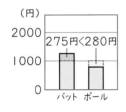
（円）
2000
275円<280円
1000
0
バット ボール

バットは 1000 円より □ 円高い。

ボールは 1000 円より □ 円安い。

さしひいて見積もると、2000 円で
□ 。

さしひいて
考えると
見積もりが
かんたんだね。

**2** 牛にゅうパックを 1000 まい集めようと思います。
9月は 525 まい、10月は 478 まい集まりました。
あわせて、1000 まいをこえていますか。
さしひいて見積もって説明しましょう。

500 まいより
どれだけ多いか
少ないかを
調べてみよう。

**❸** 5年生は、969まい、6年生は1029まい落ち葉を拾いました。
あわせて2000まいをこえていますか。
さしひいて見積もって説明しましょう。

（　　　　　　　　　　　　　　　　　　　　　　　　　　　　　　）

## 〈切り上げ・切り捨てを使った見積もり〉

**❹** 右のサッカーのボールとシューズを買おうと思います。
　　□にあてはまる数やことばをかきましょう。

2350円
3820円

① あやのさんは、6300円で買えるかどうかを、
次のように見積もりました。
　　あやのさんの考え方を説明しましょう。

　　2350を切り上げて百の位までの概数にすると □

　　3820を切り上げて百の位までの概数にすると □

　　2400＋3900＝6300

　　代金よりも □ 見積もっているので、

　　6300円で □ 。

② ゆうまさんは、6100円で買えるかどうかを、次のように
見積もりました。
　　ゆうまさんの考え方を説明しましょう。

　　2350を切り捨てて百の位までの概数にすると □

　　3820を切り捨てて百の位までの概数にすると □

　　2300＋3800＝6100

　　代金よりも □ 見積もっているので、

　　6100円で □ 。

切り上げや
切り捨てを使っても
見積もりができるね。

ぴったり① 準備

14 円と正多角形

① 正多角形

3分でまとめ

学習日　　月　日

教科書 194〜197ページ　答え 29ページ

 次の □ にあてはまる数やことばをかきましょう。

◎ねらい **正多角形について理解しよう。**　練習❶➡

🐾 **正多角形**

辺の長さがすべて等しく、角の大きさもすべて等しい多角形を **正多角形** といいます。

**1** 次の多角形は、辺の長さがすべて等しく、角の大きさもすべて等しくなっています。
多角形の名前を答えましょう。

(1)

(2)
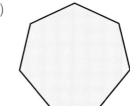

解き方 正何角形かは、頂点の数がいくつあるかを数えます。

(1) 頂点が □ つあるので、□ です。

(2) 頂点が □ つあるので、□ です。

◎ねらい **円を使って、正多角形をかく方法を理解しよう。**　練習❷❸➡

🐾 **円を使って、正多角形をかく**

❶ 円の中心のまわりの角を等分するように、半径をかきます。

（正三角形なら 3 つ、正方形なら 4 つ、正五角形なら 5 つ、……

に等分します。）

❷ はしの点を直線でつなぎます。

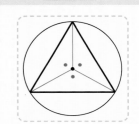

**2** 次の正多角形を、円の中心のまわりの角を等分するしかたでかきます。
円の中心のまわりの角を、それぞれ何度ずつに等分すればよいですか。

(1) 正方形　　　　　　　　　　　　　(2) 正八角形

解き方 円の中心のまわりの角を、正多角形の頂点の数に等分します。

正方形は
正四角形とも
いうよ。

(1) 正方形の頂点の数は、①□ つだから、

$360° ÷ ②□ = ③□ °$

答え ④□ °

(2) 正八角形の頂点の数は、①□ つだから、

$360° ÷ ②□ = ③□ °$

答え ④□ °

教科書 194〜197ページ 答え 29ページ

**1** 次の多角形は、辺の長さがすべて等しく、角の大きさもすべて等しくなっています。
多角形の名前を答えましょう。

教科書 195ページ **1**

①

②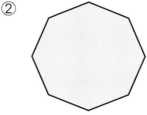

( )　　　　　　　　　　　　　　　　　　　　　( )

**2** 半径が 4cm の円の中心のまわりの角を等分して正六角形をかき、
右の図のように向かいあった頂点を直線でつなぎました。

教科書 196ページ **2**

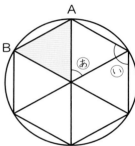

① ⓐの角の大きさは何度ですか。

( )

② ⓘの角の大きさは何度ですか。

( )

③ 色をつけた三角形は、どんな三角形ですか。

( )

④ ABの長さは何 cm ですか。

( )

**3** 次の正多角形を、円の中心のまわりの角を等分するしかたでかきましょう。

教科書 196ページ **2**・**⚠**

① 正六角形

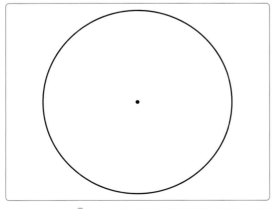

② 正九角形

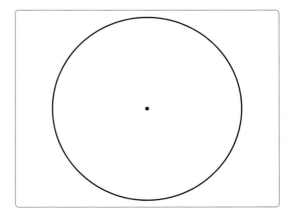

 ● ヒ ン ト ● **2** 6つの合同な正三角形を円の中心のまわりにならべると、
正六角形になります。

**14 円と正多角形**

**② 円周と直径**

**③ 円周と比例**

教科書 **198～203ページ** 答え **29ページ**

✏️ 次の ◯ にあてはまる数やことばをかきましょう。

🎯 **ねらい** 円周率を使って、円周や直径を求められるようにしよう。　　練習 **①②→**

🐾 **円周と直径**

円の周（まわり）のことを**円周**といいます。

どんな大きさの円でも、円周÷直径は同じ数になり、この数を**円周率**といいます。

　**円周率＝円周÷直径**

円周率は、ふつう 3.14 を使います。

円周や直径は次の式で求められます。

⭐円周を求める式　**円周＝直径×3.14**

⭐直径を求める式　**直径＝円周÷3.14**

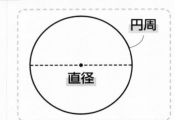

**1** 次の長さを求めましょう。

(1)　直径 5cm の円の円周　　　　　　(2)　円周が 31.4cm の円の直径

**解き方** (1)　円周＝直径×3.14 だから、◯×3.14＝◯　　答え ◯ cm

(2)　直径＝円周÷3.14 だから、◯÷3.14＝◯　　答え ◯ cm

🎯 **ねらい** 円周と直径の関係について理解しよう。　　練習 **③→**

🐾 **円周と直径の関係**

　円の直径が 2倍、3倍、……になると、円周も 2倍、3倍、……になるので、
円周は直径に**比例**します。

**2** 円の直径を 1cm、2cm、3cm、……と 1cm ずつ増やした
ときの、円周を求めて、下の表にまとめましょう。

また、下の表をもとにして、直径と円周の関係を調べましょう。

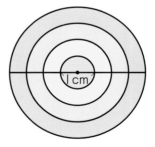

| 直径(cm) | 1 | 2 | 3 | 4 | |
|---|---|---|---|---|---|
| 円周(cm) | 3.14 | ❶ | ❷ | ❸ | |

**解き方** 円周＝直径×3.14 をもとに考えます。直径 1cm のとき、円周は 3.14cm です。

❶　直径 2cm のとき、円周は、2×3.14＝①◯ から、②◯ cm です。

❷　直径 3cm のとき、円周は、3×3.14＝③◯ から、④◯ cm です。

❸　直径 4cm のとき、円周は、4×3.14＝⑤◯ から、⑥◯ cm です。

　このことから、直径が 2倍、3倍、4倍、……になると、円周も ⑦◯ 倍、⑧◯ 倍、

⑨◯ 倍、……になるから、円周は直径に ⑩◯ します。

教科書　198〜203 ページ　 答え　29 ページ

**1** 次の長さを求めましょう。

教科書　202 ページ 3

① 直径6cm の円の円周

式

答え（　　　　　　　）

② 直径 14 m の円の円周

式

答え（　　　　　　　）

③ 半径4cm の円の円周

式

答え（　　　　　　　）

④ 半径 7.5 cm の円の円周

式

答え（　　　　　　　）

⑤ 円周が 62.8 cm の円の直径

式

答え（　　　　　　　）

⑥ 円周が 942 m の円の直径

式

答え（　　　　　　　）

⑦ 円周が 157 cm の円の半径

式

答え（　　　　　　　）

⑧ 円周が 12.56 cm の円の半径

式

答え（　　　　　　　）

**2** 公園に円の形をした大きな池があります。

この池のまわりの長さをはかったら、約 240 m ありました。

この池の直径は、約何 m ですか。

答えは四捨五入して、上から2けたの概数で求めましょう。

教科書　202 ページ 3

式

答え（　　　　　　　）

**3** 直径が 65 cm の大きいタイヤと、直径が 50 cm の小さいタイヤがあります。

大きいタイヤが1回転して進むきょりは、小さいタイヤが1回転して進むきょりの

何倍ですか。

教科書　203 ページ 1・3

式

答え（　　　　　　　）

 ❸ タイヤが1回転して進むきょりは、タイヤの円周と等しくなります。
円周は直径に比例するので、直径が何倍になっているかを求めます。

99

# ⑭ 円と正多角形

教科書 194〜205 ページ ▶ 答え 30 ページ

**知識・技能** ／60点

**❶** 次の □ にあてはまることばをかきましょう。 各3点(9点)

① □ ＝円周÷直径

② 円周＝ □ ×円周率

③ 直径＝ □ ÷円周率

**❷** 右の多角形は、辺の長さがすべて等しく、角の大きさもすべて
等しくなっています。 式・答え 各3点(15点)

① 多角形の名前を答えましょう。

( 　　　　　 )

② ⑤の角の大きさを求めましょう。

式

答え ( 　　　　　 )

③ この多角形の１つの角の大きさを求めましょう。

式

答え ( 　　　　　 )

**❸** １辺２cm の正六角形を２つのかき方でかきましょう。 各3点(6点)

① 半径２cm の円の中心のまわりの角を
等分するかき方

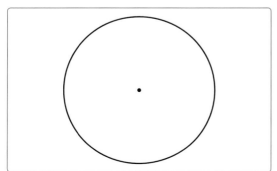

② 半径に等しく開いたコンパスで、
半径２cm の円のまわりを順に区切るかき方

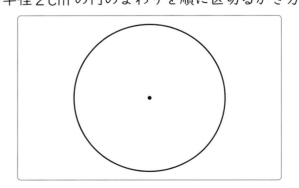

**4** **よく出る** 次の長さを求めましょう。

式・答え 各5点(30点)

① 直径9mの円の円周

式

答え（　　　　　　　）

② 半径5.5cmの円の円周

式

答え（　　　　　　　）

③ 円周が188.4cmの円の直径

式

答え（　　　　　　　）

---

**思考・判断・表現**　　　　　　　　　　　　　／40点

**5** 運動場に、下の図のような、長方形と半円をあわせたトラックがあります。
このトラックのまわりの長さは何mですか。

式・答え 各5点(10点)

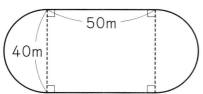

式

答え（　　　　　　　）

**6** 右の図のように、半径6cmの円の中にきちんとはいる正六角形をかきました。

式・答え 各5点(20点)

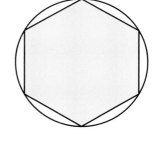

① 正六角形のまわりの長さを求めましょう。

式

答え（　　　　　　　）

② ①の長さと円周の長さのちがいを求めましょう。

式

答え（　　　　　　　）

**7** 車輪の直径が55cmと65cmの一輪車があります。
それぞれの一輪車の車輪が1回転したとき、進むきょりのちがいは何cmですか。

式・答え 各5点(10点)

式

答え（　　　　　　　）

 **1** がわからないときは、98ページの **1** にもどって確にんしてみよう。

# ぴったり1 準備

3分でまとめ

**15** 割合のグラフ
① **帯グラフと円グラフ**
② **帯グラフや円グラフを使って**

教科書 206〜213ページ　答え 31ページ

✏ 次の◯にあてはまる数やグラフをかきましょう。

## ◎ねらい 帯グラフや円グラフがよめるようにしよう。

練習 ①→

### 🐾 帯グラフ

全体を長方形で表し、直線で区切って割合を表したグラフを**帯グラフ**といいます。

### 🐾 円グラフ

全体を円で表し、半径で区切って割合を表したグラフを**円グラフ**といいます。

**1** 下の帯グラフは、ある家の1か月の支出の割合を表したものです。
それぞれの割合は、全体の何%ですか。

### 1か月の支出の割合

| 食費 | ひ服費 | 住居費 | 光熱費 | その他 |

```
0    10   20   30   40   50   60   70   80   90  100%
```

**解き方** 目もりをそれぞれよみとります。

食費　　35%　　　ひ服費　①◯%　　　住居費　②◯%
光熱費　③◯%　　　その他　　34%

## ◎ねらい 帯グラフや円グラフがかけるようにしよう。

練習 ①②→

### 🐾 帯グラフや円グラフのかき方

❶ 各部分が全体の何%になるかを求めます。

❷ 合計が100%にならないときは、いちばん大きい部分か「その他」の割合を変えて、合計が100%になるようにします。

❸ 帯グラフではふつう左から、円グラフではふつう真上から右まわりに、百分率の大きい順に区切り、「その他」はいちばんあとにします。

**2** **1**の1か月の支出の割合を、**1**で調べた割合を使って、円グラフにかきましょう。

**解き方** 百分率の大きい順に区切っていきます。

その他はいちばん
あとだったね。

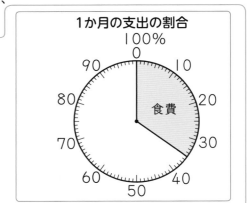

### 1か月の支出の割合

教科書 206〜213 ページ　答え 31 ページ

**1** 下の図は、たけるさんの学校で、ある日の給食に使った食品の重さの割合を帯グラフに表したものです。

教科書 207 ページ **1**、208 ページ **1**

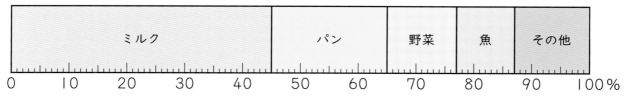

食品の重さの割合

① ミルクの重さの割合は、全体の何 % ですか。

(　　　　　)

② 野菜の重さの割合は、全体の何 % ですか。

(　　　　　)

③ パンの重さは、魚の重さの何倍ですか。

(　　　　　)

④ この食品の重さの割合を、右の円グラフに表しましょう。

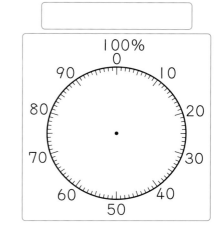

**2** 右の表は、はるかさんの学校の町別の児童数を表したものです。
割合を、四捨五入して一の位までの概数で求めて、円グラフと帯グラフをかきましょう。

教科書 208 ページ **1**

町別の児童数

| 町 | 東町 | 西町 | 南町 | 北町 | その他 | 合計 |
|---|---|---|---|---|---|---|
| 人数(人) | 335 | 230 | 125 | 88 | 42 | 820 |
| 割合(%) | | | | | | 100 |

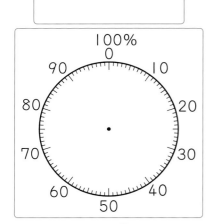

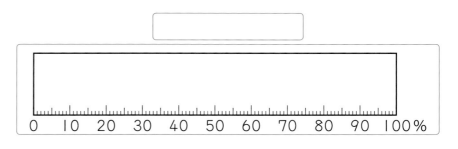

ヒント　**1** ③ 割合をくらべれば、重さが何倍かもわかります。
(パンの重さの割合)÷(魚の重さの割合)

ぴったり③
確かめのテスト

⑮ 割合のグラフ

時間 30 分
／100
合格 80 点

教科書 206〜215 ページ 　答え 31 ページ

知識・技能
／68点

**1** よく出る 右の円グラフは、ひなたさんの村の土地がどのように利用されているのかを、面積の割合で表したものです。 式・答え 各8点(48点)

土地の面積の割合
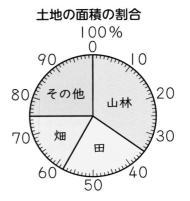

① 田の面積の割合は、全体の何 % ですか。

（　　　　　　）

② 畑の面積の割合は、全体の何 % ですか。

（　　　　　　）

③ 村の土地の面積は、全体で 30 km² です。
田の面積は何 km² ですか。

式

答え（　　　　　　）

④ 山林の面積は、畑の面積の約何倍ですか。
答えは四捨五入して、$\frac{1}{10}$ の位までの概数で求めましょう。

式

答え（　　　　　　）

**2** 下の表は、りこさんの学校で、1か月間の欠席した理由と人数を調べたものです。
割合を求めて表にまとめ、帯グラフをかきましょう。 割合・帯グラフ 各10点(20点)

欠席の理由と人数

| 欠席の理由 | かぜ | 頭つう | はらいた | けが | その他 | 合計 |
|---|---|---|---|---|---|---|
| 人数（人） | 90 | 40 | 30 | 16 | 24 | 200 |
| 割合（％） | | | | | | 100 |

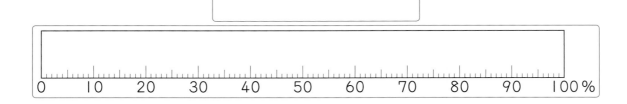

思考・判断・表現　　　　　　　　　　　　　　　　　　　　　　　　　／32点

**3**　下の⒜、⒤の資料は、キャベツ、レタス、ねぎについて、都道府県別のしゅうかく量と、作付面積を調べたものです。

　次のそれぞれのことがらについて、「正しい」、「正しくない」、「この資料からはわからない」のどれかで答えましょう。

各8点（32点）

⒜　都道府県別のしゅうかく量（2020年）

**キャベツの都道府県別のしゅうかく量**

| 都道府県 | 愛知 | 群馬 | 千葉 | 茨城 | 鹿児島 | その他 | 全国 |
|---|---|---|---|---|---|---|---|
| しゅうかく量（万t） | 26 | 26 | 12 | 11 | 7 | 61 | 143 |

**レタスの都道府県別のしゅうかく量**

| 都道府県 | 長野 | 茨城 | 群馬 | 長崎 | 兵庫 | その他 | 全国 |
|---|---|---|---|---|---|---|---|
| しゅうかく量（万t） | 18 | 9 | 5 | 4 | 3 | 17 | 56 |

**ねぎの都道府県別のしゅうかく量**

| 都道府県 | 千葉 | 埼玉 | 茨城 | 北海道 | 群馬 | その他 | 全国 |
|---|---|---|---|---|---|---|---|
| しゅうかく量（万t） | 6 | 5 | 5 | 2 | 2 | 24 | 44 |

⒤　都道府県別の作付面積の割合（2020年）

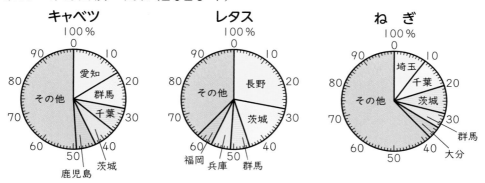

①　ねぎの作付面積の上位3県の面積をあわせると39％である。

（　　　　　　　　　　　）

②　レタスのしゅうかく量が、4番目に多い都道府県は長崎県である。

（　　　　　　　　　　　）

③　キャベツのしゅうかく量の上位3県をあわせた割合は、キャベツの作付面積の上位3県をあわせた割合より多い。

（　　　　　　　　　　　）

④　長野県はレタスのしゅうかく量が都道府県の中でもっとも多いので、はくさいのしゅうかく量も多い。

（　　　　　　　　　　　）

 ❶①②がわからないときは、102ページの**1**にもどって確にんしてみよう。

# ⑯ 角柱と円柱

📖教科書 218〜221 ページ　➡答え 32 ページ

✏️ 次の□にあてはまる記号や数、ことばをかきましょう。

🎯ねらい **角柱と円柱について理解しよう。**　練習 ①→

🐾 **角柱と円柱**

右のような形を立体といい、

あのような立体を**角柱**、

いのような立体を**円柱**といいます。

角柱や円柱の上下の面を**底面**、

横の面を**側面**といいます。

円柱の側面のように曲がった面を**曲面**といいます。

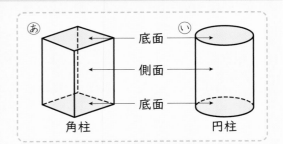

**1** 下の立体の中で、角柱はどれですか。また、円柱はどれですか。

  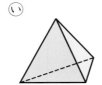  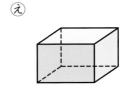

**解き方** 底面の形から考えます。いは底面が｜つしかないので、角柱ではありません。

角柱は□、□です。また、円柱は□です。

🎯ねらい **角柱と円柱の側面・底面の形や位置関係を理解しよう。**　練習 ②③→

🐾 **角柱**

２つの底面は平行で、合同な多角形になっています。

側面は長方形や正方形で、底面に垂直です。

高さは、右の図のABです。

🐾 **円柱**

２つの底面は平行で、合同な円になっています。

高さは、右の図のCDです。

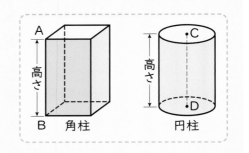

**2** 三角柱、四角柱、円柱について、下の表にまとめましょう。

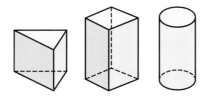

**解き方** 側面、頂点、辺の数は、実際に数えましょう。

| | 三角柱 | 四角柱 | 円柱 |
|---|---|---|---|
| 底面の形 | 三角形 | ① | ② |
| 側面の数 | ③ | 4 | — |
| 頂点の数 | ④ | ⑤ | — |
| 辺の数 | ⑥ | ⑦ | — |

ぴったり 2
# 練習
★ できた問題には、「た」をかこう！★
 でき 1　 でき 2　でき 3

学習日　　月　　日

教科書 218〜221 ページ　　答え 32 ページ

**1** 次の立体の部分の名前をかきましょう。

教科書 219 ページ **1**

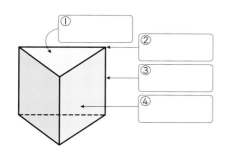

①
②
③
④

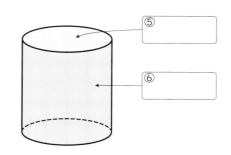

⑤
⑥

**2** 下の立体について答えましょう。

教科書 220 ページ **2**

あ 　い 　う 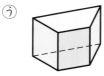　え 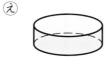　お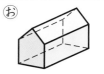

① それぞれの立体の名前をかきましょう。

あ （　　　　　　　） い （　　　　　　　） う （　　　　　　　）

え （　　　　　　　） お （　　　　　　　）

② 曲面のある立体をすべて選び、記号で答えましょう。

（　　　　　　　　）

③ うの立体について、側面と底面はどのような位置関係ですか。
ことばでかきましょう。

（　　　　　　　　）

**3** 右のような角柱があります。

教科書 220 ページ **2**

① この角柱の底面はどんな形ですか。

（　　　　　　　）

② この角柱は何という角柱ですか。

（　　　　　　　）

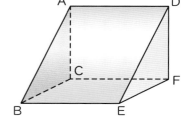

③ この角柱の高さは、どの辺の長さになりますか。あ〜うから
選びましょう。

あ　辺AB　　い　辺AC　　う　辺AD　　（　　　　　）

 ヒント　2 ① 底面の形に目をつけて考えましょう。

📕教科書 **222～224ページ** 📖答え **33ページ**

✏️次の⬜︎にあてはまる数をかきましょう。

🎯ねらい 角柱や円柱の見取図やてん開図のかき方を理解しよう。

練習 ①②③➡

### 🐾 角柱や円柱の見取図

下の⑦と⑦のように、見えない辺は点線でかきます。

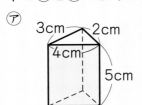

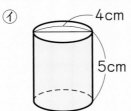

辺の平行に
目をつけて
かこう。

### 🐾 角柱や円柱のてん開図

　角柱や円柱のてん開図は、側面を１つの長方形で表し、それに２つの底面を
つなげた形で表すとわかりやすくなります。

**1** 　右の⑦は、上の⑦のてん開図です。
アイ、アエの長さを求めましょう。

**解き方** 角柱の側面を広げると、長方形になります。

　この長方形のたての長さは、角柱の高さと同じだから、アイの長さは、⬜︎cm です。

　横の長さは、角柱の底面のまわりの長さに等しくなるから、アエの長さは、

$3＋4＋2＝$⬜︎$(cm)$ です。

**2** 　右の⑪は、上の⑦のてん開図です。
オカ、オクの長さを求めましょう。

長さが
等しい

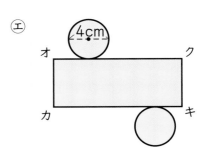

**解き方** 円柱の側面は曲面ですが、底面に垂直な直線で切って広げると、長方形になります。

　この長方形のたての長さは、円柱の高さと同じだから、オカの長さは、⬜︎cm です。

　横の長さは、円柱の底面の円周の長さに等しくなるから、オクの長さは、

⬜︎$×3.14＝$⬜︎$(cm)$ です。

ぴったり2
練習

★ できた問題には、「た」をかこう！ ★
 でき ①  でき ②  でき ③

学習日　　月　　日

教科書 222〜224ページ 　答え 33ページ

**1** 次の角柱や円柱の見取図をかきましょう。

教科書 222ページ **1**

① 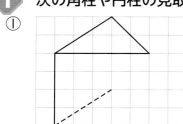　　②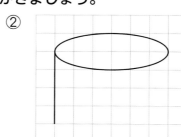

辺の平行に気をつけて
かこう。
見えないところは、
点線でかくんだよ。

**2** 下のような三角柱があります。
この三角柱のてん開図を、右の図にかきましょう。

教科書 223ページ **1**

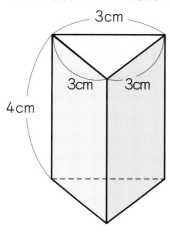
3cm
3cm　3cm
4cm

1cm
1cm

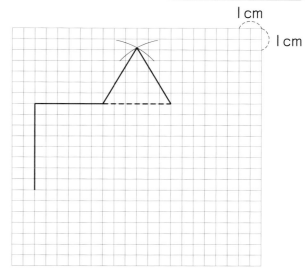

**3** 下のような円柱があります。
この円柱のてん開図を、右の図にかきましょう。

教科書 224ページ **3**

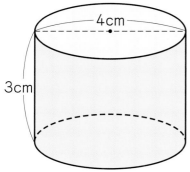
4cm
3cm

1cm
1cm

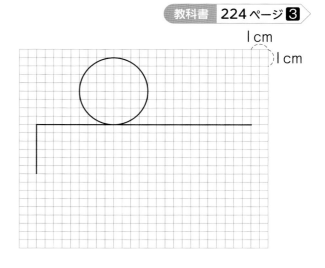

**ヒント** **3** 側面を広げると、長方形になります。長方形の横の長さは、
底面の円周の長さに等しくなるようにかきます。

ぴったり③
確かめのテスト。

⑯ 角柱と円柱

時間 30 分
／100
合格 80 点

教科書 218〜225 ページ ▶ 答え 33 ページ

知識・技能
／76点

**1** よく出る 次の立体の名前をかきましょう。 各5点(15点)

①

②

③

( ) ( ) ( )

**2** 右の立体について答えましょう。 各5点(30点)

① 何という立体ですか。

( )

② 底面の形を答えましょう。

( )

③ 底面はいくつありますか。

( )

④ 側面はいくつありますか。

( )

⑤ あの面に平行な面はいくつありますか。

( )

⑥ あの面に垂直な面はいくつありますか。

( )

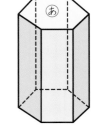

**3** 右の立体について答えましょう。 全部できて 1問5点(25点)

① 何という立体ですか。

( )

② 底面の形を答えましょう。

( )

③ 底面はいくつありますか。

( )

④ 側面はどのような面になっていますか。

( )

⑤ □ にあてはまることばをかきましょう。

右の立体の直線ABは、底面に □ になっていて、その長さが

この立体の □ です。

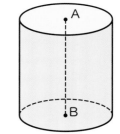

**4** よく出る 右の図は、四角柱の見取図の一部で、
この四角柱の底面は台形です。
　見取図の続きをかいて完成させましょう。　（6点）

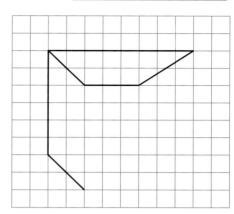

**5** よく出る 次のてん開図をかきましょう。　　　　各6点（12点）

① 底面が1辺2cmの正三角形で、
　高さが2.5cmの三角柱

② 底面が半径1cmの円で、
　高さが2cmの円柱

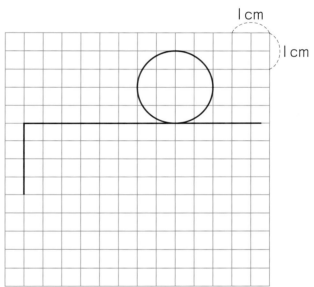

**6** 次のてん開図を組み立ててできる立体の名前をかきましょう。　各6点（12点）

①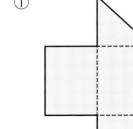

②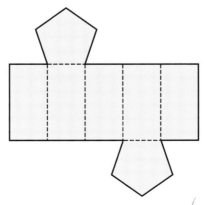

（　　　　　　）　　　　　　　　　　　　　（　　　　　　）

 ❶がわからないときは、106ページの❶にもどって確にんしてみよう。

3分でまとめ

教科書 226〜229ページ　答え 34ページ

✏️ 次の ⬚ にあてはまる数をかきましょう。

🎯**ねらい**　速さを求められるようにしよう。　　　練習 **① ②** →

🐾**速さ**　速さは、単位時間に進む道のりで表します。

**速さ＝道のり÷時間**

🐾**時速・分速・秒速**

⭐**時速**　|時間あたりに進む道のりで表した速さ　（例）時速 4 km、時速 50 km など

⭐**分速**　|分間あたりに進む道のりで表した速さ　（例）分速 80 m、分速 2 km など

⭐**秒速**　|秒間あたりに進む道のりで表した速さ　（例）秒速 2 m、秒速 30 m など

**1** 次の速さを求めましょう。

(1) 48 m の道のりを 8 秒で走った人の秒速

(2) 900 m の道のりを 5 分間で進んだ自転車の分速

(3) 300 km の道のりを 4 時間で進んだ自動車の時速

**解き方** 速さ＝道のり÷時間　の式にあてはめます。

道のり　時間　速さ

(1) 式 ⬚ ÷8＝ ⬚　　　答え 秒速 ⬚ m

(2) 式 ⬚ ÷5＝ ⬚　　　答え 分速 ⬚ m

(3) 式 ⬚ ÷4＝ ⬚　　　答え 時速 ⬚ km

🎯**ねらい**　道のりを求められるようにしよう。　　　練習 **③** →

🐾**道のりを求める**

速さ＝道のり÷時間　の式から、次のような道のりを求める式ができます。

**道のり＝速さ×時間**

速さ＝道のり÷時間
道のり＝速さ×時間

**2** 次の道のりを求めましょう。

(1) 時速 4 km で 3 時間歩いたときに進む道のり

(2) 分速 0.8 km の自動車が 25 分間に進む道のり

(3) 秒速 25 m の電車が 12 秒間に進む道のり

**解き方** 道のり＝速さ×時間　の式にあてはめます。

速さ　時間　道のり

(1) 式 4× ①⬚ ＝ ②⬚　　　答え ③⬚ km

(2) 式 0.8× ①⬚ ＝ ②⬚　　　答え ③⬚ km

(3) 式 ①⬚ × ②⬚ ＝ ③⬚　　　答え ④⬚ m

教科書 226〜229 ページ　➡答え 34 ページ

**1** しゅんさんは、1500ｍを20分で歩きます。
　　はやとさんは、2000ｍを25分で歩きます。

教科書 227 ページ **1**

① しゅんさんは、1分間あたりに何ｍ進みますか。
　式

答え（　　　　　　　）

② しゅんさんとはやとさんでは、どちらが速く歩きますか。

（　　　　　　　）

**2** 次の速さを求めましょう。

教科書 228 ページ **▲**

① 420ｋｍの道のりを6時間で進んだ電車の時速
　式

答え（　　　　　　　）

② 3400ｍの道のりを40分間で歩いた人の分速
　式

答え（　　　　　　　）

③ 2000ｍのきょりを8秒間で飛んだジェット機の秒速
　式

答え（　　　　　　　）

**3** 次の道のりを求めましょう。

教科書 229 ページ **1**

① 時速38ｋｍの自動車が2時間に進む道のり
　式

答え（　　　　　　　）

② 秒速15ｍの馬が40秒間に進む道のり
　式

答え（　　　　　　　）

③ 分速1.5ｋｍの電車が18分間に進む道のり
　式

答え（　　　　　　　）

**1** ② はやとさんが1分間あたりに何ｍ進むかを求めて、
しゅんさんとくらべよう。

113

**17 速さ**

**（時間を求める、時速・分速・秒速）**

教科書 230〜231 ページ　答え 35 ページ

✏ 次の▢にあてはまる数をかきましょう。

🎯ねらい **時間を求められるようにしよう。**　練習 ①②➡

🐾 **時間を求める**

道のり＝速さ×時間　の式から、次のような
時間を求める式ができます。

　　　**時間＝道のり÷速さ**

道のり＝速さ×時間
時間＝道のり÷速さ

**1** 次の時間を求めましょう。

(1) 8km の道のりを時速2km で歩いたときにかかる時間

(2) 分速 300 m で走る自転車が 4800 m 進むのにかかる時間

**解き方** 時間＝道のり÷速さ　の式にあてはめます。

(1) 式　▢① ÷2＝▢②　　　　　　　　　答え　▢③ 時間

(2) 式　▢① ÷▢② ＝▢③　　　　　　　　答え　▢④ 分

🎯ねらい **速さを、時速・分速・秒速になおせるようにしよう。**　練習 ②③➡

🐾 **時速・分速・秒速の関係**

1分は 60 秒、1時間は 60 分だから、
速さを、時速・分速・秒速になおすときは、
右のようにします。

ただし、道のりの単位に注意します。

**2** 次の速さを求めましょう。

(1) 分速 450 m は時速何 km ですか。

(2) 時速 252 km は秒速何 m ですか。

**解き方** 道のりの単位に気をつけます。

(1) 式　450×▢① ＝▢②　　　　　答え　時速 ▢③ km

　　　　　　　　　　　　　　 m を km になおそう

(2) 252 km は ▢① m だから、

　　式 ▢② ÷3600＝▢③　　　　　答え　秒速 ▢④ m

教科書 230〜231 ページ 〉 答え 35 ページ

**1** 次の時間を求めましょう。

教科書 230 ページ **1**

① 秒速 9m で走る犬が 450m 進むのにかかる時間

式

答え（　　　　　）

② 分速 200m の自転車が 1400m 進むのにかかる時間

式

答え（　　　　　）

③ 時速 60km の自動車が 180km 進むのにかかる時間

式

答え（　　　　　）

**2** 秒速 50m で走る新幹線があります。

教科書 230 ページ **1・2**、231 ページ **1**

① この新幹線は、2km 進むのに何秒かかりますか。

式

答え（　　　　　）

② この新幹線の速さは、時速何 km ですか。

式

答え（　　　　　）

**！まちがい注意**

**3** 次の表のあいているところの数を求めましょう。

教科書 231 ページ **1・2**

### 乗り物の速さ

| 乗り物＼速さ | 秒　速 | 分　速 | 時　速 |
|---|---|---|---|
| バイク | m | 480 m | km |
| 電車 | m | m | 90 km |
| 飛行機 | 240 m | m | km |

道のりの単位に注意しよう。

**ヒント** 2 ① 単位が m と km でちがうから、2÷50 とはできません。

115

# ⑰ 速 さ

📖 教科書 **226～233 ページ**　➡️ 答え **35 ページ**

---

**知識・技能**　　　　　　　　　　　　　　　　　　　　　　／64点

**1** 次の　　　にあてはまることばをかきましょう。　　　各4点(12点)

① 速さ＝　　　　　　÷時間

② 道のり＝　　　　　　×時間

③ 　　　　　　＝道のり÷速さ

**2** よく出る 次の速さ、道のり、時間を求めましょう。　　式・答え 各4点(32点)

① 1300 m の道のりを 20 分間で歩く人の速さ

式

答え（　　　　　　　　　）

② 3.6 km の道のりを、分速 240 m の自転車で進むときにかかる時間

式

答え（　　　　　　　　　）

③ 秒速 25 m のつばめが 16 秒間に飛ぶきょり

式

答え（　　　　　　　　　）

④ 3.5 時間で 910 km 進む新幹線の速さ

式

答え（　　　　　　　　　）

**3** よく出る 次の表のあいているところの数を求めましょう。

秒速・分速・時速 全部できて 各4点(12点)

### 乗り物の速さ

| 乗り物＼速さ | 秒　速 | 分　速 | 時　速 |
|---|---|---|---|
| ロープウェイ | 4.5 m | m | km |
| 高速バス | m | 1.2 km | km |
| ヘリコプター | m | km | 270 km |

**4** 打ち上げ花火が見えてから、4秒後に音が聞こえました。

音の速さを秒速340mとすると、花火から何mはなれて見ていたと考えられますか。

式・答え 各4点(8点)

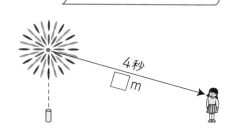

式

答え （　　　　　　　）

---

**5** A市とB市の間に、高速道路とふつうの道路が通っています。

式・答え 各4点(16点)

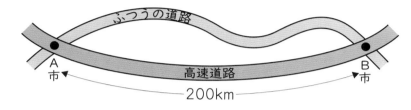

① ふつうの道路を時速45kmの自動車で行くと、5.4時間かかりました。

ふつうの道路の道のりを求めましょう。

式

答え （　　　　　　　）

② 高速道路の道のりは200kmあり、自動車で走ると2時間30分かかりました。

この自動車の速さを求めましょう。

式

答え （　　　　　　　）

**6** 秒速15mで走っている、長さが80mの電車があります。

この電車が、長さ400mのトンネルにはいりはじめてから、完全に通過（つうか）するまでに何秒かかりますか。

式・答え 各5点(10点)

式

答え （　　　　　　　）

**できたらスゴイ！**

**7** 活用 秒速24mの電車が、トンネルにはいりはじめてから完全に通過するまでに19秒かかりました。

このうち、トンネルの中に完全にかくれていた時間は11秒でした。

各5点(10点)

① この電車は、トンネルにはいりはじめてから完全に通過するまでに何m進みましたか。

完全に通過するまで

トンネル →

（　　　　　　　）

② 電車の長さは何mですか。

トンネル →

（　　　　　　　）

完全にかくれている

ふりかえり 🐼 ❶①がわからないときは、112ページの❶にもどって確（かく）にんしてみよう。

**18 変わり方**

教科書 234〜239 ページ　　答え 36 ページ

✏️ 次の ☐ にあてはまる数をかきましょう。

◎ **ねらい** 2つの数量の変わり方を、式に表せるようにしよう。　　練習 ❶❷❸→

🐾 **2つの数量の変わり方**

ともなって変わる2つの数量を〇、△とすると、関係を式に表すことができます。

例　〇＋2＝△　　　〇－2＝△　　　〇×2＝△　　　〇÷2＝△

・〇が2倍、3倍、……になると、△も2倍、3倍、……になるとき、△は〇に比例します。

**1** さくらさんのお姉さんは、さくらさんより5才年上で、2人のたん生日は同じです。

(1) さくらさんの年れいを〇才、お姉さんの年れいを△才として、
〇と△の関係を式に表しましょう。

(2) 〇が1増えると、△はどのように変わりますか。

**解き方** (1) さくらさんの年れい ＋5＝ お姉さんの年れい だから、

〇＋ ☐ ＝△

(2) 表にかいて調べます。

〇と△の差は
いつも5だね。

| 〇（才） | 1 | 2 | 3 | 4 | 5 | |
|---|---|---|---|---|---|---|
| △（才） | 6 | ① | ② | ③ | ④ | |

〇が1増えると、△も ⑤ ☐ 増えます。

**2** 横の長さが3cmの長方形の、たての長さと面積の関係を
調べます。

(1) たての長さを〇cm、面積を△cm²として、〇と△の関係を
式に表しましょう。

(2) 〇が2倍、3倍、……になると、△はどのように変わり
ますか。

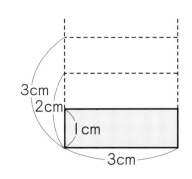

3cm
2cm
1cm
3cm

**解き方** (1) 長方形の面積は、たて×横だから、〇× ☐ ＝△

(2) 表にかいて調べます。

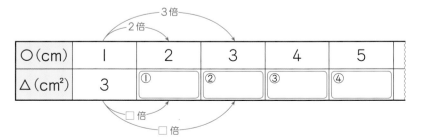

3倍
2倍

| 〇（cm） | 1 | 2 | 3 | 4 | 5 | |
|---|---|---|---|---|---|---|
| △（cm²） | 3 | ① | ② | ③ | ④ | |

☐倍
☐倍

比例しているね。

〇が2倍、3倍、……になると、△も ⑤ ☐ 倍、 ⑥ ☐ 倍、……になります。

教科書 234〜239 ページ　答え 36 ページ

**1** 18 まいの色紙のうち、何まいかを使おうと思います。

教科書 235 ページ ②

① 使う数を○まい、残りの数を△まいとして、○と△の関係を式に表しましょう。

（　　　　　　　　　）

② 使う数と残りの数の変わり方を、表にかきましょう。

| ○（まい） | 1 | 2 | 3 | 4 | 5 | |
|---|---|---|---|---|---|---|
| △（まい） | | | | | | |

③ △は○に比例しますか。

（　　　　　　　　　）

**2** 時速 70 km で進む電車があります。

教科書 236 ページ ③

① 電車が進む時間を○時間、道のりを△ km として、○と△の関係を式に表しましょう。

（　　　　　　　　　）

② 電車が進む時間と道のりの変わり方を、表にかきましょう。

| ○（時間） | 1 | 2 | 3 | 4 | 5 | |
|---|---|---|---|---|---|---|
| △（km） | | | | | | |

③ △は○に比例しますか。

（　　　　　　　　　）

**3** 1個 60 円のみかんを何個かと、120 円のりんごを 1 個買います。

教科書 238 ページ ⑤、239 ページ ⑥

① みかんの個数を○個、代金を△円として、○と△の関係を式に表しましょう。

（　　　　　　　　　）

② みかんの個数と代金の変わり方を、表にかきましょう。

| ○（個） | 1 | 2 | 3 | 4 | 5 | |
|---|---|---|---|---|---|---|
| △（円） | | | | | | |

③ △は○に比例しますか。

（　　　　　　　　　）

**● ヒント** ① ことばの式で表すと、18 − 使う数 = 残りの数 となります。

# 18 変わり方

教科書 234〜239ページ　答え 37ページ

**知識・技能** ／46点

**1** 次の式の中で、△が○に比例するのはどれですか。
記号で答えましょう。 (4点)

あ ○+3=△　　　い 3×○=△　　　う ○-3=△　　　え ○×3+2=△

（　　　　　　　）

**2** よく出る つばささんのお父さんは、つばささんより 32 才年上で、2人のたん生日は同じです。 全部できて 1問7点(21点)

① つばささんの年れいを○才、お父さんの年れいを△才として、○と△の関係を式に表しましょう。

（　　　　　　　）

② つばささんの年れいとお父さんの年れいの変わり方を、表にかきましょう。

| ○(才) | 10 | 11 | 12 | 13 | 14 | |
|---|---|---|---|---|---|---|
| △(才) | 42 | | | | | |

③ つばささんが 20 才になるとき、お父さんは何才ですか。

（　　　　　　　）

**3** よく出る 正方形の1辺の長さと、まわりの長さの関係を調べます。 全部できて 1問7点(21点)

① 1辺の長さを○cm、まわりの長さを△cmとして、○と△の関係を式に表しましょう。

（　　　　　　　）

② 正方形の1辺の長さとまわりの長さの変わり方を、表にかきましょう。

| ○(cm) | 1 | 2 | 3 | 4 | 5 | |
|---|---|---|---|---|---|---|
| △(cm) | 4 | | | | | |

③ △は○に比例しますか。

（　　　　　　　）

思考・判断・表現　　　　　　　　　　　　　　　　　　　　　　　／54点

**4**　1本90円のえん筆と、1個100円の消しゴムがあります。
えん筆だけを何本か買うときと、えん筆を何本かと消しゴムを1個買うときの、えん筆の本数と代金の関係を調べます。えん筆の本数を○本、代金を△円として、次の問題に答えましょう。

全部できて 1問6点(30点)

①　えん筆だけを買うとき、○と△の関係を式に表しましょう。

（　　　　　　　　　）

②　えん筆だけを買うとき、えん筆の本数と
代金の変わり方を、表にかきましょう。

| ○(本) | 1 | 2 | 3 | 4 | 5 |
|---|---|---|---|---|---|
| △(円) | | | | | |

③　えん筆と消しゴムを買うとき、○と△の関係を式に表しましょう。

（　　　　　　　　　）

④　えん筆と消しゴムを買うとき、えん筆の
本数と代金の変わり方を、表にかきましょう。

| ○(本) | 1 | 2 | 3 | 4 | 5 |
|---|---|---|---|---|---|
| △(円) | | | | | |

⑤　△が○に比例しているのは、えん筆だけを買うときと、
えん筆と消しゴムを買うときのどちらの場合ですか。

（　　　　　　　　　）

**5**　秒速20mで進む自動車があります。　　　　　　全部できて 1問6点(24点)

①　自動車が進む時間を○秒、道のりを△mとして、○と△の関係を式に表しましょう。

（　　　　　　　　　）

②　自動車が進む時間と道のりの変わり方を、
表にかきましょう。

| ○(秒) | 1 | 2 | 3 | 4 | 5 |
|---|---|---|---|---|---|
| △(m) | | | | | |

③　自動車が10秒間に進む道のりは何mですか。

（　　　　　　　　　）

④　自動車が600m進むのに何秒かかりますか。

（　　　　　　　　　）

---

**はってん**　多角形の角の大きさの和　　　　　　教科書　**239ページ**

**1**　多角形の頂点の数を○個、角の大きさの和を△度とします。

| ○(個) | 3 | 4 | 5 | 6 | 7 |
|---|---|---|---|---|---|
| △(度) | 180 | 360 | 540 | 720 | 900 |

①　○が1増えると、△はいくつ増えますか。　（　　180　　）

②　○と△の関係を式に表しましょう。　（　　　　　　　）

◀角の大きさの和
＝180×(頂点の数−2)

❶がわからないときは、118ページの**1**にもどって確にんしてみよう。

見方・考え方を深めよう(3)

# いつ会える？

〈変わり方のきまりをみつけて〉

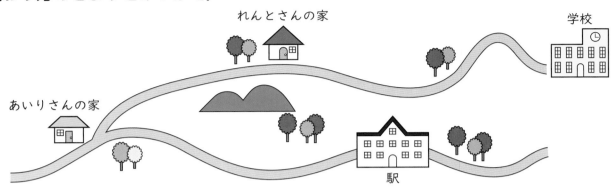

れんとさんの家　学校　あいりさんの家　駅

**1** あいりさんの家とれんとさんの家は 800 m はなれています。

あいりさんは、自分の家かられんとさんの家に向かって分速 70 m で、れんとさんは、自分の家からあいりさんの家に向かって分速 90 m で、同時に出発しました。

① 1分間に、2人あわせた道のりは何 m 増えますか。

下の表をつくって考えましょう。

| 歩いた時間　　　　　　（分） | 1 | 2 | 3 | |
|---|---|---|---|---|
| あいりさんの歩いた道のり（m） | 70 | | | |
| れんとさんの歩いた道のり（m） | 90 | | | |
| 2人あわせた道のり　　　（m） | 160 | | | 800 |

出会うのは、2人あわせた道のりが 800 m のときだね。

答え（　　　　　　）

② 2人は何分後に出会いますか。

（　　　　　　）

**よくよんで**

**2** あいりさんの家から駅までは 1350 m あります。

あいりさんは、駅から家に向かって分速 70 m で、お兄さんは、家から駅に向かって分速 80 m で、同時に出発しました。

2人は何分後に出会いますか。

下の表をつくって考えましょう。

| 歩いた時間　　　　　　（分） | 1 | 2 | 3 | |
|---|---|---|---|---|
| あいりさんの歩いた道のり（m） | | | | |
| お兄さんの歩いた道のり　（m） | | | | |
| 2人あわせた道のり　　　（m） | | | | 1350 |

答え（　　　　　　）

⭐**3** あいりさんは家を出て、分速70mで学校に向かいました。

　あいりさんが家を出てから14分たったとき、お兄さんが自転車であいりさんのあとを追いかけました。お兄さんの速さは分速210mです。

① お兄さんが家を出たとき、あいりさんとお兄さんの間の道のりは何mありますか。

（　　　　　　　）

② 1分間に、あいりさんとお兄さんの間の道のりは何mちぢまりますか。
　下の表をつくって考えましょう。

| お兄さんの走った時間 | （分） | 0 | 1 | 2 | 3 | | |
|---|---|---|---|---|---|---|---|
| あいりさんの進んだ道のり | （m） | | | | | | |
| お兄さんの進んだ道のり | （m） | 0 | | | | | |
| 2人の間の道のり | （m） | | | | | | 0 |

答え（　　　　　　　）

③ お兄さんは、自転車で家を出てから何分後にあいりさんに追いつきますか。

（　　　　　　　）

⭐**4** れんとさんは家を出て、分速90mで学校に向かいました。

　れんとさんが家を出てから10分たったとき、お姉さんが自転車でれんとさんのあとを追いかけました。お姉さんの速さは分速240mです。

　お姉さんは、自転車で家を出てから何分後にれんとさんに追いつきますか。

　下の表をつくって考えましょう。

| お姉さんの走った時間 | （分） | 0 | 1 | 2 | 3 | | |
|---|---|---|---|---|---|---|---|
| れんとさんの進んだ道のり | （m） | | | | | | |
| お姉さんの進んだ道のり | （m） | 0 | | | | | |
| 2人の間の道のり | （m） | | | | | | 0 |

答え（　　　　　　　）

**！まちがい注意**

⭐**5** れんとさんの家から学校までは1740mあります。

　あいりさんは、学校かられんとさんの家に向かって分速70mで出発しました。

　あいりさんが学校を出発してから2分たったとき、れんとさんは、自分の家から学校に向かって分速90mで出発しました。

　2人が出会うのは、れんとさんが家を出発してから何分後ですか。

（　　　　　　　）

123

学びをいかそう

# わくわくプログラミング

教科書 242〜243 ページ　答え 39 ページ

下のような命令を組み合わせて、図形の辺や直線にそって、「えんぴつくん」を動かすプログラムをつくっていきます。

プログラミングは
プログラムを
つくることだよ。

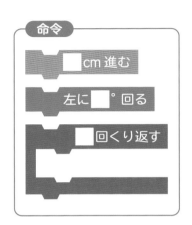

□cm進む と 左に□°回る を
くり返せば、いろいろな図形が
かけそうだね。

**1** 「えんぴつくん」を頂点Aから動かして、
右の図のような1辺6cmの正五角形をかくプログラム
をつくります。

① 正五角形の1つの角の大きさは、何度ですか。

（　　　　　）

② 右の図の⑦の角の大きさは、何度ですか。

（　　　　　）

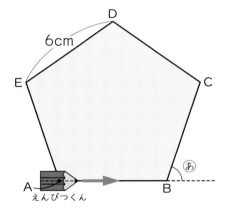

③ ②のことから、プログラムは次のようになります。
□にあてはまる数をかきましょう。

### 正五角形をかくプログラム

正多角形は、
辺の長さがすべて等しく、
角の大きさもすべて等しいから、
□cm進む と 左に□°回る を
くり返せばいいね。

**2** 「えんぴつくん」を頂点Aから動かして、
右の図のような星の形をした図形をかくプログラムを
つくります。

5本の直線AB、BC、CD、DE、EAの
長さはすべて6cmです。

「えんぴつくん」をA→B→C→D→E→Aの
ように動かすプログラムは、次のようになります。

▢にあてはまる数をかきましょう。

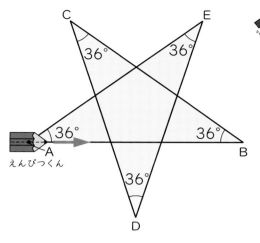

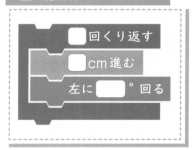

角の大きさが
36°だから…

**3** 「えんぴつくん」を頂点Aから動かして、
下の図のような長方形とひし形をかくプログラムをつくります。

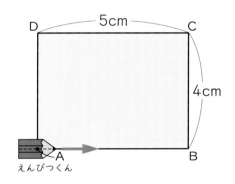

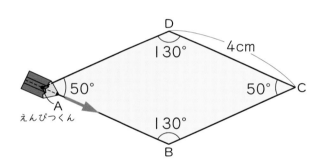

「えんぴつくん」をA→B→C→D→Aのように動かして上の長方形やひし形をかく
プログラムは、次のようになります。

▢にあてはまる数をかきましょう。

辺の長さや角の大きさが
2種類あるね。

① 長方形

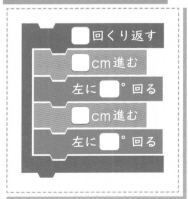

② ひし形

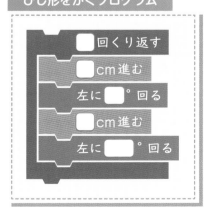

125

# 数と計算

**1** 次の数を求めましょう。　各5点(10点)

① 25.4 を 10 倍した数

（　　　　　　　）

② 25.4 を $\dfrac{1}{100}$ にした数

（　　　　　　　）

**2** 次の計算をしましょう。⑤はわり切れるまで計算しましょう。　各5点(25点)

① 0.7×0.5　　　② 3.6÷0.9

③　　　 4.5
　　　×0.6 4

④　　　　　　　　　　⑤
　2.4 ⟌ 7 6.8　　　1.2 5 ⟌ 8.5

**3** どの□にも0でない同じ数がはいります。積や商が□にはいる数より小さくなるのはどれですか。　(全部できて5点)

あ □×1.1　　　い □÷1.1
う □×0.9　　　え □÷0.9

（　　　　　　　）

**4** 次の数を求めましょう。　各5点(10点)

① 6 と 10 の最小公倍数

（　　　　　　　）

② 24 と 32 の最大公約数

（　　　　　　　）

**5** 次の商を分数で表しましょう。
　各5点(10点)

① 5÷8　　　　② 19÷12

（　　　　）　（　　　　）

**6** 次の分数は小数で、小数は分数で表しましょう。　各5点(10点)

① $\dfrac{1}{5}$　　　　　② 0.41

（　　　　）　（　　　　）

**7** 次の計算をしましょう。　各5点(10点)

① $\dfrac{5}{12}+\dfrac{7}{8}$

② $\dfrac{2}{3}-\dfrac{7}{15}$

**8** 4L のジュースを 1 人に 0.3L ずつ分けます。何人に分けられて、何L 余りますか。
　式・答え 各5点(10点)

式

　答え（　　　　　　　）

**9** 次の問題を式に表しましょう。
　各5点(10点)

① 21m のひもを 1.5m ずつに切ったときにできるひもの本数

（　　　　　　　）

② 1m が 200 円の布 0.2m 分の代金

# まとめのテスト

もうすぐ6年生

## 図形、変化と関係、データの活用

学習日 　月　　日

時間 20分

／100

合格 80点

教科書 250〜251ページ　答え 40ページ

**1** 2つの辺が4cm、3cm、その間の角が70°の三角形をかきましょう。　(5点)

**2** 右の図のⓐの角の大きさは、何度ですか。
式・答え 各5点(10点)

式

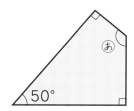

答え（　　　　　）

**3** 次の図形の面積を求めましょう。
式・答え 各5点(20点)

① 底辺10cm、高さ7cmの三角形
式

答え（　　　　　）

② 底辺8cm、高さ4.5cmの平行四辺形
式

答え（　　　　　）

**4** 1Lの水を、内のりがたて10cm、横20cmの直方体のいれものに入れると、水の深さは何cmになりますか。
式・答え 各5点(10点)

式

答え（　　　　　）

**5** つばささんが50mを5回走ったときの記録は、次のようでした。
8.7秒　9.2秒　8.9秒　8.8秒　8.9秒
5回の平均は何秒ですか。
式・答え 各5点(10点)

式

答え（　　　　　）

**6** 5個で600円のトマトと、6個で690円のトマトがあります。1個あたりのねだんは、どちらが高いですか。
式・答え 各5点(10点)

式

答え（　　　　　）

**7** □にあてはまる数をかきましょう。
各5点(15点)

① 6.8mは、4mの□％です。

② 1.8Lの35％は、□Lです。

③ 60円は、□円の20％です。

**8** もとのねだんの30％引きでかばんを買いました。代金は2800円でした。もとのねだんは何円ですか。
式・答え 各5点(10点)

式

答え（　　　　　）

**9** □にあてはまる数をかきましょう。
各5点(10点)

① 分速150mで走る人が6分間走ると、□m進みます。

② 秒速25mの電車が1km進むのに、□秒かかります。

127

もうすぐ6年生

# 問題の見方・考え方

学習日　月　日

時間 **20**分　／100

合格 **80**点

教科書　252ページ　答え　40ページ

まとめのテスト

**1**　下のように、画用紙を2か所でとめてつないでいきます。

8まいの画用紙をつなぐには、何か所でとめたらよいですか。　　　　(9点)

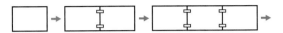

（　　　　　　　）

**2**　マッチぼうをならべて、下のように正三角形をつくります。　　　各9点(18点)

①　正三角形を6個つくるには、マッチぼうは何本必要ですか。

（　　　　　　　）

②　19本のマッチぼうを使うと、正三角形は何個できますか。

（　　　　　　　）

**3**　りんご1個と、同じねだんのみかんを8個買ったら790円でした。

みかんを6個にすると、りんご1個とあわせて630円になるそうです。

みかん1個のねだんは何円ですか。

式・答え　各9点(18点)

式

答え（　　　　　　　）

**4**　同じクッキー2個と、同じショートケーキを4個買ったら1400円でした。

ショートケーキを6個にすると、クッキー2個とあわせて2000円になるそうです。

クッキー1個のねだんは何円ですか。

式・答え　各9点(18点)

式

答え（　　　　　　　）

**5**　バスに、おとなと子どもがあわせて35人乗りました。

そのうち、子どもの数は、おとなの数の4倍でした。

おとなと子どもの数は、それぞれ何人ですか。　　　式・答え　各9点(27点)

式

答え　おとな（　　　　　　　）

子ども（　　　　　　　）

**6**　弟が家を自転車で出発してから4分後に、兄が自転車で弟のあとを追いかけました。

弟は分速150m、兄は分速270mで進みます。

兄は、家を出発してから何分後に弟に追いつきますか。　　　(10点)

（　　　　　　　）

啓林館版・小学算数5年

 **夏のチャレンジテスト**

教科書 10〜101ページ ◎用意するもの…ものさし、分度器、コンパス

名前

月　日

 時間 **40**分

合格80点 ／100

答え42ページ

---

**知識・技能** ／72点

**1** 次の◯にあてはまる数をかきましょう。 各2点(4点)

① 685 は、6.85 を ◻ 倍した数です。

② 0.371 は、37.1 の $\frac{1}{◻}$ の数です。

**2** 次の◯にあてはまる数をかきましょう。 各2点(4点)

① 13 m³＝ ◻ cm³

② 4300000 cm³＝ ◻ m³

**3** コップを積み重ねたときの、積む数と全体の高さの関係を調べたところ、下の表のようになりました。

コップの全体の高さは、コップの数に比例しますか。 (2点)

| コップの数(個) | 1 | 2 | 3 | 4 | 5 | 6 | |
|---|---|---|---|---|---|---|---|
| 全体の高さ(cm) | 8 | 10 | 12 | 14 | 16 | 18 | |

（　　　　　）

**4** 次の計算のうち、答えが 2.4 より小さくなるものをすべて選び、記号で答えましょう。 (2点)

あ 2.4×0.2　　い 2.4×1　　う 2.4×1.2

え 2.4÷0.3　　お 2.4÷1　　か 2.4÷1.2

（　　　　　）

**5** 下の2つの三角形は合同です。 各2点(4点)

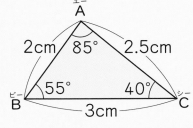 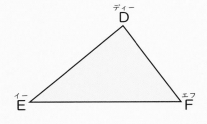

① 辺 DE の長さは、何 cm ですか。

（　　　　　）

② 角 E は、何度ですか。

（　　　　　）

---

**6** 次のような図形の体積を求めましょう。 各2点(4点)

①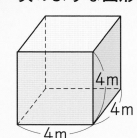

②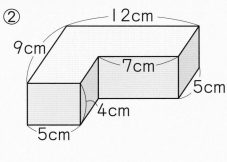

（　　　　　）　　（　　　　　）

**7** 次の計算をしましょう。④はわり切れるまで計算しましょう。 各3点(12点)

①　　2.5
　　×4.6

②　　0.06
　　×0.58

③ 3.5⟌31.5

④ 6.5⟌2.47

**8** 商を、四捨五入で、$\frac{1}{10}$ の位までの概数で表しましょう。 各3点(6点)

① 6.3⟌8.6

② 2.9⟌39.1

（　　　　）　　（　　　　）

**9** 商を一の位まで求め、余りをかきましょう。 各3点(6点)

① 2.6⟌32

② 3.1⟌18.8

（　　　　）　　（　　　　）

---

夏のチャレンジテスト(表)

🕐うらにも問題があります。

**10** 計算のきまりを使って、くふうして計算しましょう。

各2点(6点)

① 2.5×3.6

② 2.81×0.7+7.19×0.7

③ 98×2.5

**11** 次の□は、どんな計算で求められますか。式を
かきましょう。

各2点(8点)

① □＋2.8＝4.6  □＝( )

② □－1.2＝3.8  □＝( )

③ □×0.42＝6.3  □＝( )

④ □÷1.5＝3.6  □＝( )

**12** 下の図のような三角形をかきましょう。 各4点(8点)

①
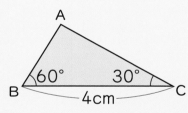

②

**13** 下の図の㋐、㋑の角の大きさは、それぞれ何度ですか。

各3点(6点)

①
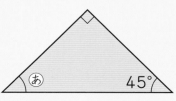

②
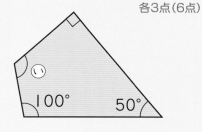

( ) ( )

---

**14** たて3cm、横5cmの直方体があります。
体積が120cm³のとき、高さは何cmですか。

式・答え 各3点(6点)

式

答え ( )

**15** 1Lの重さが2.4kgのさとうがあります。
このさとう1.5Lの重さは何kgですか。 式・答え 各3点(6点)

式

答え ( )

**16** 38.5Lのジュースを、1.8Lはいるびんに入れて
いきます。
1.8L入りのびんが何本できて、何L余りますか。

式・答え 各3点(6点)

式

答え ( )

**17** 平行四辺形ABCDをかいています。
下の図の続きをかいて完成させましょう。 (4点)

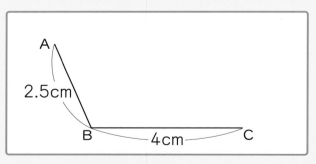

**18** 赤のひもの長さは96cmです。赤のひもの0.3倍が青
のひもの長さで、白のひもの長さは青のひもの長さの0.5倍
です。
白のひもの長さは何cmですか。 式・答え 各3点(6点)

式

答え ( )

 **冬のチャレンジテスト**

教科書 **102～193**ページ

名前

月　　日

時間 **40**分

合格80点 ／100

答え**44**ページ

---

知識・技能　　　／62点

**1** 次の数は、偶数ですか、奇数ですか。　各2点(6点)
① 93　　② 138　　③ 0

( 　　 )　( 　　 )　( 　　 )

**2** 12 と 20 の最小公倍数と最大公約数を答えましょう。　各2点(4点)

最小公倍数 ( 　　 )　最大公約数 ( 　　 )

**3** 次の商を分数で表しましょう。　各2点(4点)
① 6÷7　　② 17÷9

( 　　 )　( 　　 )

**4** 次の分数は小数で、小数は分数で表しましょう。　各2点(8点)

① $\frac{3}{5}$　　② $\frac{5}{4}$

( 　　 )　( 　　 )

③ 0.36　　④ 1.7

( 　　 )　( 　　 )

**5** 次の◯にあてはまることばをかきましょう。　各2点(4点)

① 台形の面積＝(上底＋下底)×[ 　　 ]÷2

② ひし形の面積＝対角線×[ 　　 ]÷2

**6** 下の表で、割合を表す小数と百分率、歩合の等しいものが、たてにならぶようにしましょう。　各2点(12点)

| 割合を表す小数 | ① | 1.63 | ⑤ |
|---|---|---|---|
| 百分率 | 40 % | ③ | ⑥ |
| 歩合 | ② | ④ | 7割4分9厘 |

---

**7** 次の計算をしましょう。　各2点(8点)

① $\frac{2}{9}+\frac{3}{4}$　　② $\frac{5}{6}+1\frac{3}{10}$

③ $\frac{19}{15}-\frac{3}{5}$　　④ $2\frac{1}{8}-1\frac{7}{12}$

**8** 次の三角形や平行四辺形の面積を求めましょう。　式・答え 各2点(12点)

①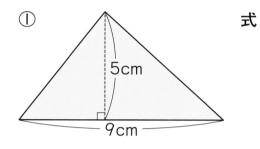

式

答え ( 　　 )

②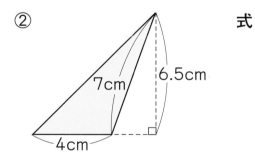

式

答え ( 　　 )

③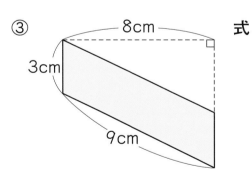

式

答え ( 　　 )

**9** 次の4つの数量の平均を求めましょう。

28 cm　　25 cm　　37 cm　　34 cm

式・答え 各2点(4点)

式

答え ( 　　 )

---

冬のチャレンジテスト(表)

うらにも問題があります。

**10** 右の図で、色をぬった部分の面積を
求めましょう。　式・答え 各2点(4点)

式

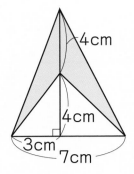

答え（　　　　　　　）

**11** 先週の月曜日から金曜日までの間に、5年2組の人が、
図書室から借りた本のさっ数を調べたら、次のようでした。
式・答え 各2点(8点)

| 曜 日 | 月 | 火 | 水 | 木 | 金 |
|---|---|---|---|---|---|
| さっ数 | 8 | 0 | 7 | 7 | 9 |

① 先週は、1日平均何さつ借りたことになりますか。

式

答え（　　　　　　　）

② 5年2組では、今月の 20 日間の貸し出し日に、
何さつの本を借りると考えられますか。

式

答え（　　　　　　　）

**12** 次の表は、A町とB町の面積と人口を表したものです。
A、Bそれぞれの式・答え 各2点(10点)

| | 面積(km²) | 人口(人) |
|---|---|---|
| A町 | 168 | 9240 |
| B町 | 98 | 5680 |

① A町とB町の人口密度をそれぞれ求めましょう。

答えは $\frac{1}{10}$ の位を四捨五入して、整数で求めましょう。

A町　式

答え（　　　　　　　）

B町　式

答え（　　　　　　　）

② 1km² あたりの人口が多いのはどちらですか。

（　　　　　　　）

**13** ある店で大売出しをしています。
式・答え 各2点(8点)

① 1200 円の筆箱を 840 円で買いました。
代金は、もとのねだんの何 % ですか。

式

答え（　　　　　　　）

② 絵の具セットを 15 % 引きで買うと、代金は
1190 円でした。
もとのねだんは何円ですか。

式

答え（　　　　　　　）

**14** 下のような花だんのまわりに、1m おきに植木ばちを
ならべます。植木ばちは全部で何個いりますか。
(2点)

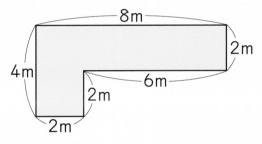

（　　　　　　　）

**15** 美術館に行きます。
子ども1人分とおとな1人分の入館料をあわせると、
2400 円になるそうです。
子ども1人分の入館料の2倍が、おとな1人分の
入館料です。
子ども1人分とおとな1人分の入館料は、それぞれ
何円ですか。
式・答え 各2点(6点)

式

答え　子ども1人分（　　　　　　　）

おとな1人分（　　　　　　　）

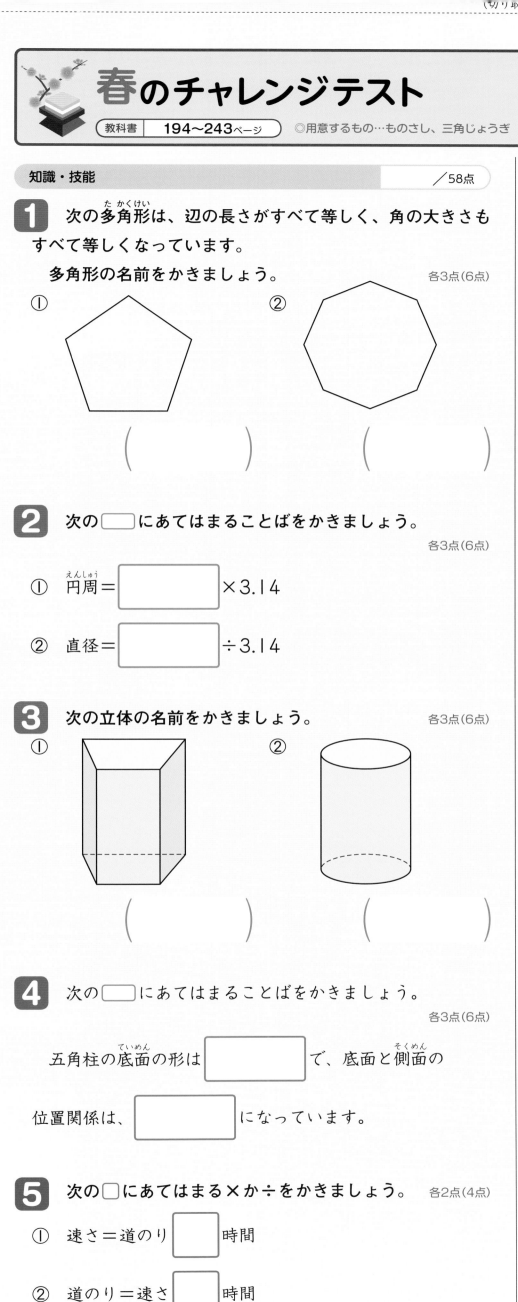

# 春のチャレンジテスト

教科書 194〜243ページ ◎用意するもの…ものさし、三角じょうぎ

名前

月　日

⏰時間 **40**分

合格80点 ／100

答え**46**ページ ➡

---

**知識・技能** ／58点

**1** 次の多角形は、辺の長さがすべて等しく、角の大きさもすべて等しくなっています。

**多角形の名前をかきましょう。** 各3点(6点)

①　　　　　　　　②

（　　　　）　　（　　　　）

**2** 次の□にあてはまることばをかきましょう。 各3点(6点)

① 円周＝ [　　] ×3.14

② 直径＝ [　　] ÷3.14

**3** 次の立体の名前をかきましょう。 各3点(6点)

①　　　　　　　　②

（　　　　）　　（　　　　）

**4** 次の□にあてはまることばをかきましょう。 各3点(6点)

五角柱の底面の形は [　　　　] で、底面と側面の

位置関係は、 [　　　　] になっています。

**5** 次の□にあてはまる×か÷をかきましょう。 各2点(4点)

① 速さ＝道のり [　] 時間

② 道のり＝速さ [　] 時間

---

**6** 次の長さを求めましょう。 式・答え 各3点(18点)

① 直径 20 cm の円の円周

式

答え（　　　　　　）

② 半径 2.5 cm の円の円周

式

答え（　　　　　　）

③ 円周が 56.52 cm の円の直径

式

答え（　　　　　　）

**7** 底面が１辺２cm の正方形で、高さが４cm の四角柱のてん開図をかきましょう。 (3点)

**8** 次の□にあてはまる数をかきましょう。 各3点(9点)

① 時速 80 km の自動車で３時間走ると、 [　　] km

進みます。

② 450 m のきょりを 18 秒間で飛んだ鳥の速さは、

秒速 [　　] m です。

③ 分速 250 m で走る人が４km 進むのに、 [　　] 分

かかります。

🔄うらにも問題があります。

**9** 右のような色をぬった図形の
まわりの長さを求めましょう。

式・答え 各3点(6点)

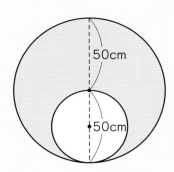

50cm

50cm

式

答え （　　　　　）

**10** 下の帯グラフは、南小学校の 550 人の児童の家族の
人数を調べて、その割合を表したものです。

式・答え 各3点(12点)

家族の人数の割合

| 4人 | 5人 | 3人 | その他 |

0 10 20 30 40 50 60 70 80 90 100%

① 4人家族の児童数は、3人家族の児童数の何倍ですか。

式

答え （　　　　　）

② 5人家族の児童数は何人ですか。

式

答え （　　　　　）

**11** しんやさんの家から図書館までは 1500 m あります。
しんやさんは、図書館から家に向かって分速 90 m で、
弟は、家から図書館に向かって分速 60 m で、同時に
出発しました。
2人は何分後に出会いますか。

(3点)

（　　　　　）

**12** しおりさんのお姉さんは、しおりさんより4才年上で、
2人のたん生日は同じです。

各3点(6点)

① しおりさんの年れいを○才、お姉さんの年れいを
△才として、○と△の関係を式に表しましょう。

（　　　　　）

② ○が1増えると、△はどのように変わりますか。

（　　　　　）

**13** 円の直径と円周の関係を調べます。

各3点(6点)

① 円の直径を○ cm、円周を△ cm として、○と△の
関係を式に表しましょう。

（　　　　　）

② △は○に比例しますか。

（　　　　　）

**14** 1本 20 円のろうそくを何本かと、600 円のケーキを
1個買います。

各3点(9点)

① ろうそくの本数を○本、代金を△円として、○と△の
関係を式に表しましょう。

（　　　　　）

② ○が1増えると、△はどのように変わりますか。

（　　　　　）

③ △は○に比例しますか。

（　　　　　）

◎用意するもの…定規

**1** 次の数を書きましょう。　各2点(4点)

① 0.68 を 100 倍した数　（　　　　　）

② 6.34 を $\frac{1}{10}$ にした数　（　　　　　）

**2** 次の計算をしましょう。④はわり切れるまで計算しましょう。　各2点(12点)

①
```
  0.2 3
×  1.9
```

②
```
    3.4
× 6.0 5
```

③
```
0.4 ) 6 2.4
```

④
```
4.8 ) 1 5.6
```

⑤ $\frac{2}{3} + \frac{8}{15}$

⑥ $\frac{7}{15} - \frac{3}{10}$

**3** 次の数を、大きい順に書きましょう。　(全部できて 3点)

$\frac{5}{2}$、$\frac{3}{4}$、0.5、2、$1\frac{1}{3}$

（　　　　　　　　　　　　）

**4** 次のあ～うの速さを、速い順に記号で答えましょう。
　(全部できて 3点)

あ　秒速 15 m　　い　分速 750 m　　う　時速 60 km

（　　　→　　　→　　　）

**5** 次の問題に答えましょう。　各3点(6点)

① 9、12 のどちらでわってもわり切れる数のうち、いちばん小さい整数を答えましょう。

（　　　　　）

② 5年2組は、5年1組より1人多いそうです。5年2組の人数が偶数のとき、5年1組の人数は偶数ですか、奇数ですか。

（　　　　　）

**6** えん筆が 24 本、消しゴムが 18 個あります。えん筆も消しゴムもあまりが出ないように、できるだけ多くの人に同じ数ずつ分けます。　各3点(9点)

① 何人に分けることができますか。（　　　　　）

② ①のとき、1人分のえん筆は何本で、消しゴムは何個になりますか。

えん筆（　　　　　）　消しゴム（　　　　　）

**7** 右のような台形ABCDがあります。
　各3点(6点)

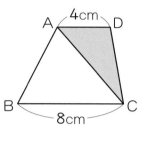

① 三角形ACDの面積は 12 cm² です。台形ABCDの高さは何 cm ですか。

（　　　　　）

② この台形の面積を求めましょう。

（　　　　　）

**8** 右のような立体の体積を求めましょう。　(3点)

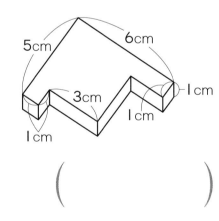

（　　　　　）

**9** 右のてん開図について答えましょう。　各3点(9点)

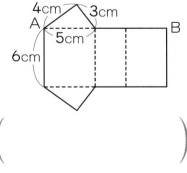

① 何という立体のてん開図ですか。

（　　　　　）

② この立体の高さは何 cm ですか。

（　　　　　）

③ ABの長さは何 cm ですか。

**10** 右の三角形と合同な三角形を
かこうと思います。辺ABの長さ
と角Aの大きさはわかっています。
あと1つどこをはかれば、必ず
右の三角形と同じ三角形をかくことができますか。下の
▢▢▢▢からあてはまるものをすべて答えましょう。

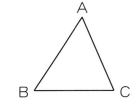

（全部できて 3点）

| 辺BC | 辺AC | 角B |
|---|---|---|

（　　　　　　　　　　　　　　）

**11** 正五角形の1つの角の大きさは
何度ですか。 （3点）

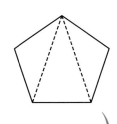

（　　　　　　　　　　　　　　）

**12** お茶が、これまでよりも 20% 増量して1本 600mL で
売られています。
　これまで売られていたお茶は、1本何 mL でしたか。 （3点）

（　　　　　　　　　　　　　　）

**13** 次の表は、ある町の農作物の生産量を調べたものです。
①式・答え 各3点、②③全部できて 各3点（12点）

**ある町の農作物の生産量**

| 農作物の種類 | 米 | 麦 | みかん | ピーマン | その他 | 合計 |
|---|---|---|---|---|---|---|
| 生産量(t) | 315 | | | 72 | 108 | |
| 割合(%) | | 25 | 20 | 8 | | 100 |

① 生産量の合計は何 t ですか。

式

答え （　　　　　　　　　　）

② 表のあいている部分をうめましょう。

③ 種類別の生産量の割合を円グラフに表しましょう。

**ある町の農作物の生産量**

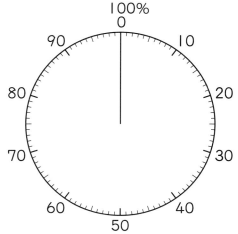

---

**14** 右の表は、5年1組
から4組までのそれぞれ
の花だんの面積と花の本
数を表したものです。
①式・答え 各3点、②3点（9点）

**5年生の花だんの面積と花の本数**

| | 面積(m²) | 花の本数(本) |
|---|---|---|
| 1組 | 9 | 7 |
| 2組 | 8 | 6 |
| 3組 | 12 | 13 |
| 4組 | 12 | 9 |

① 花の本数は、1つの
組平均何本ですか。

式

答え （　　　　　　　　　　）

② 次の⑦～⑨の文章で、内容がまちがっているものを答え
ましょう。

⑦ 1組の花だんよりも4組の花だんのほうが、花の本数
が多いので、こんでいる。

① 2組の花だんと4組の花だんは、1m² あたりの花の
本数が同じなので、こみぐあいは同じである。

⑨ 3組の花だんと4組の花だんは、面積が同じなので、
花の本数が多い3組のほうがこんでいる。

（　　　　　　　　　　　　　　）

**15** 円の直径の長さと、円周の長さの関係について答えま
しょう。円周率は 3.14 とします。
①全部できて 3点、②～④（　）各3点（15点）

① 下の表を完成させましょう。

| 直径の長さ(○cm) | 1 | 2 | 3 | 4 | |
|---|---|---|---|---|---|
| 円周の長さ(△cm) | | | | | |

② 直径の長さを○ cm、円周の長さを△ cm として、○と
△の関係を式に表しましょう。（　　　　　　　）

③ 直径の長さと円周の長さはどのような関係にあるといえ
ますか。（　　　　　　　）

④ 下の図のように、同じ大きさの3つの円が直線アイ上に
ならんでいます。このうちの1つの円の円周の長さと直線
アイの長さとでは、どちらが短いですか。そう考えたわけ
も書きましょう。

　短いのは（　　　　　　　）

わけ（

# 教科書ぴったりトレーニング
# 答えとてびき
## 啓林館版　算数5年

🏠 **おうちのかたへ** では、次のようなものを示しています。
・学習のねらいやポイント
・他の学年や他の単元の学習内容とのつながり
・まちがいやすいことやつまずきやすいところ
お子様への説明や、学習内容の把握などにご活用ください。

🕐 **しあげの5分レッスン** では、
学習の最後に取り組む内容を示しています。
学習をふりかえることで学力の定着を図ります。

**答え合わせの時間短縮に** 丸つけラクラク解答 **デジタルもご活用ください！**

右の QR コードをスマートフォンなどで読み取ると、
赤字解答の入った本文紙面を見ながら簡単に答え合わせができます。

丸つけラクラク解答デジタルは以下の URL からも確認できます。
https://www.shinko-keirinwebshop.com/shinko/2024pt/rakurakudegi/MKR5da/index.html

※丸つけラクラク解答デジタルは無料でご利用いただけますが、通信料金はお客様のご負担となります。
※QR コードは株式会社デンソーウェーブの登録商標です。

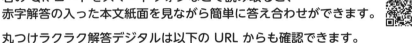
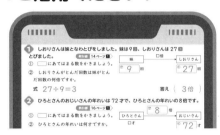

---

## ① 整数と小数

### ぴったり① 準備　2ページ

1. 51.84、518.4、5184
2. 35.26、3.526、0.3526

### ぴったり② 練習　3ページ

❶ ①7　②2　③8
❷ ①10倍…0.37　100倍…3.7
　　1000倍…37
　②10倍…8　100倍…80　1000倍…800
❸ ①4.5　②879　③160
❹ ①$\frac{1}{10}$…3.05　$\frac{1}{100}$…0.305
　　$\frac{1}{1000}$…0.0305
　②$\frac{1}{10}$…9　$\frac{1}{100}$…0.9　$\frac{1}{1000}$…0.09
❺ ①0.86　②0.283　③0.0514

#### てびき

❷ 小数点は、10倍、100倍、1000倍すると、右にそれぞれ1けた、2けた、3けた移ります。

❸ ●×10は小数点が右に1けた、●×100は小数点が右に2けた、●×1000は小数点が右に3けた移ります。

❹ 小数点は、$\frac{1}{10}$、$\frac{1}{100}$、$\frac{1}{1000}$にすると、左にそれぞれ1けた、2けた、3けた移ります。

❺ ●÷10は小数点が左に1けた、●÷100は小数点が左に2けた、●÷1000は小数点が左に3けた移ります。

**1** ①10倍…29.85　100倍…298.5
　　　1000倍…2985
　　②10倍…7　100倍…70　1000倍…700

**2** ①100倍　②10倍　③1000倍

**3** ① $\frac{1}{10}$…1.682　$\frac{1}{100}$…0.1682
　　　$\frac{1}{1000}$…0.01682
　　② $\frac{1}{10}$…8　$\frac{1}{100}$…0.8　$\frac{1}{1000}$…0.08

**4** ① $\frac{1}{1000}$　② $\frac{1}{100}$　③ $\frac{1}{10}$

**5** ①6.3　②297　③580　④79.6
　　⑤33　⑥5040

**6** ①0.76　②0.418　③0.0375
　　④2.94　⑤0.0605　⑥0.074

**7** 20.8 cm

**8** ①1.357　②7.531　③1.375

**1** 小数点は、10倍、100倍、1000倍すると、右にそれぞれ1けた、2けた、3けた移ります。

**2** ①小数点が右に2けた移っています。
　②小数点が右に1けた移っています。
　③小数点が右に3けた移っています。

> **おうちのかたへ** 数を10倍、100倍、1000倍したり、$\frac{1}{10}$、$\frac{1}{100}$、$\frac{1}{1000}$にしたりしても、数字の並び方は変わらないことをアドバイスするとよいでしょう。

**4** ①小数点が左に3けた移っています。
　②小数点が左に2けた移っています。
　③小数点が左に1けた移っています。

**7** 20.8 m を $\frac{1}{100}$ にした長さがもけいの長さです。

**8** ①小さい数字から順にならべます。
　②大きい数字から順にならべます。
　③①の 1.357 のいちばん小さい位の数字と2番目に小さい位の数字を入れかえます。

# 2 体　積

**1** ①4　②8　③8　④24　⑤24

**2** (1)①8　②6　③240　④240　(2)①3　②3　③27　④27

**1** ①36 cm³　　②16 cm³

**2** ①式　12×5×5＝300　　　　答え　300 cm³
　②式　3×6×8＝144　　　　答え　144 cm³
　③式　6×6×6＝216　　　　答え　216 cm³
　④式　2m＝200 cm
　　　　60×200×80＝960000
　　　　　　　　　答え　960000 cm³

**3** ①式　2×4×9＝72　　　　答え　72 cm³
　②式　7×7×7＝343　　　答え　343 cm³

**1** ①1だん目は、1 cm³ の立方体がたてに3個、横に4個あり、それが3だんあるので、全部で36個。

**2** **3** 直方体の体積＝たて×横×高さ
　　立方体の体積＝1辺×1辺×1辺
　　④長さの単位をそろえて、公式を使います。

**1** ①20　②40　③30　④24

**2** ①6　②4　③3　④6　⑤11　⑥3　⑦6　⑧4　⑨5

てびき

❶ 4000、4

❷ ・2つの直方体に分けます。
　式　4×6×3+2×2×3=84
　答え　84 cm³

・大きな直方体から、点線の
　部分をひきます。
　式　6×6×3−2×4×3=84
　答え　84 cm³

・別の分け方もあります。
　式　4×4×3+6×2×3=84
　答え　84 cm³

❸ ①124 cm³　②875 cm³

❶ 10×20×20=4000（cm³）
　1000 cm³=1 L だから、4000 cm³=4 L

❷

・大きな直方体のたては、4+2=6（cm）
　点線の直方体の横は、6−2=4（cm）

・左側の直方体の横は、6−2=4（cm）
　右側の直方体のたては、4+2=6（cm）

❸ 大きな直方体や立方体から、つぎたした部分の体積
　をひくと、
　①5×8×4−3×3×4=124（cm³）
　②10×10×10−5×5×5=875（cm³）

■ (1)①2　②2　③2　④8　⑤8
　(2)①2　②6　③4　④48　⑤48
■ ①3　②5　③2　④30000000
■ (1)1000、1000
　(2)10、$\frac{1}{10}$

てびき

❶ ①式　2×2×7=28　　　　答え　28 m³
　②式　2×6×3=36　　　　答え　36 m³
　③式　9×9×9=729　　　答え　729 m³
　④式　5×5×1=25　　　　答え　25 m³
❷ ①2000000　②53　③600000　④0.45
　⑤100　⑥1000
❸ 2 m

❷ 1 m³=1000000 cm³ をもとにします。

❸ 1 m³=1000 L なので、
　20000 L は 20000÷1000=20（m³）
　2×5×□=20 の□にあてはまる数を求めるから、
　20÷(2×5)=2（m）

てびき

❶ 24 cm³
❷ ①7000000　②85　③3900000　④0.28
❸ ①式　3×8×10=240　　　答え　240 cm³
　②式　20×20×20=8000
　　　　　　　　　　　　　答え　8000 cm³
　③式　5×7×8=280　　　答え　280 m³
　④式　4×4×4=64　　　　答え　64 m³

❷ 1 m³=1000000 cm³ をもとにします。
❸ ①③直方体の体積=たて×横×高さ
　②④立方体の体積=1辺×1辺×1辺

④ ①336 cm³  ②192 cm³  ③441 cm³
④24000 m³

⑤ ①72000 cm³  ②27 L

⑥ ①5 cm  ②16 cm

④ ①6×(8−4)×10+6×4×4＝336 など。
②4×9×4＋4×4×3＝192 など。
③9×13×3＋5×6×3＝441 など。
④30×30×30−30×10×10＝24000 など。

⑤ ①30×60×40＝72000（cm³）
②水の体積は、30×60×15＝27000（cm³）
1000 cm³＝1 L だから、27000 cm³＝27 L に
なります。

⑥ ①高さが1 cm のときの体積は、
8×4×1＝32（cm³）
よって、体積が160 cm³ のときの高さは、
160÷(8×4)＝5（cm）
②①のように考えると、
高さ＝体積 ÷32　で求められます。
1辺8 cm の立方体の体積は、
8×8×8＝512（cm³）
よって、高さは、
512÷32＝16（cm）

# ③ 比　例

**ぴったり① 準備　14ページ**

1 (1)する
(2)しない

**ぴったり② 練習　14ページ**　　てびき

❶ ①

| 横（cm） | 1 | 2 | 3 | 4 |
|---|---|---|---|---|
| 体積（cm³） | 6 | 12 | 18 | 24 |

②2倍、3倍、……になる。
③比例する。

❶ ③横の長さが2倍、3倍、……になると、体積も
2倍、3倍、……になるので、体積は横の長さに
比例します。

**しあげの5分レッスン** どのようなときに「比例する」といえるのか確かめておこう。

**ぴったり③ 確かめのテスト　15ページ**　　てびき

❶ ①

| ボールの数（個） | 1 | 2 | 3 | 4 |
|---|---|---|---|---|
| 全体の重さ（g） | 80 | 130 | 180 | 230 |

②50 g
③比例しない。

❶ ③ボールの数が2倍、3倍、……になっても、全体
の重さは2倍、3倍、……にならないので、全体
の重さはボールの数に比例しません。

❷ ①

| 長さ（m） | 1 | 2 | 3 | 4 |
|---|---|---|---|---|
| 代金（円） | 90 | 180 | 270 | 360 |

②2倍、3倍、……になる。
③比例する。
④90×12（＝1080）
⑤10 m

❷ ③長さが2倍、3倍、……になると、代金も2倍、
3倍、……になるので、代金は長さに比例します。
④長さが1 m の12倍になっているので、代金も
12倍になります。
⑤900÷90＝10 より、代金が1 m のときの10
倍になっているので、長さも10倍になります。

# ④ 小数のかけ算

**1** 10、10、2.8

**2** ①35×1.4 ②35×1.9 ③35×1 ④35×0.8 ⑤35×0.2 （①と②、④と⑤は順序を問いません。）

**てびき**

**1** ①4.5 ②3.2 ③81 ④56
⑤160 ⑥720

**1** 整数の計算をもとにして考えます。
①5×0.9=(5×9)÷10=45÷10=4.5
③30×2.7=(30×27)÷10=810÷10=81
⑤400×0.4=(400×4)÷10=1600÷10
＝160

**2** ①式 300×0.6=180　　答え 180g
②式 300×1.3=390　　答え 390g

**2** 重さは、長さが小数のときも、
$\boxed{1mの重さ}$×$\boxed{長さ}$で求められます。
①300×0.6=(300×6)÷10=1800÷10
＝180(g)
②300×1.3=(300×13)÷10=3900÷10
＝390(g)

**3** ⓐ15×3、15×1.6 　ⓘ15×1
ⓤ15×0.7、15×0.5

**3** ⓐかける数＞1、ⓘかける数＝1、ⓤかける数＜1
のときです。

**1** 100、100、0.78

**2** (1)2、7.68 (2)3、1.17 (3)4、0.0095

**てびき**

**1** ①0.48 ②0.1 ③0.51 ④18
⑤0.092 ⑥0.042

**1** ①0.8×0.6=(8×6)÷100=48÷100
＝0.48
④20×0.9=(20×9)÷10=180÷10=18
⑤2.3×0.04=(23×4)÷1000=92÷1000
＝0.092
⑥0.7×0.06=(7×6)÷1000=42÷1000
＝0.042

**2** ①9.54 ②29.14 ③1.656
④1.295 ⑤2.106 ⑥5.418

**2** 小数点がないものとみて、計算します。
積の小数点から下のけた数は、
①、②は2けた、③〜⑥は3けたにします。

**3** ①1.44 ②0.52 ③0.0476
④0.0087 ⑤150.66 ⑥1.134

**3** ①
```
    3.2
  ×0.45
    160
   128
  1.4 4 0
```
↑0をとります。

③
```
    0.34
  ×0.14
    136
    34
  0.0 4 7 6
```
↑0をつけたします。

**1** (1)①3.6 ②4.2 ③15.12 ④15.12
(2)①8.5 ②7 ③2.2 ④130.9 ⑤130.9

**2** (1)3、10.8 　(2)150、1.5、148.5

❶ ①式　3.3×5.4＝17.82　　　答え　17.82 cm²
　②式　2.5×2.5＝6.25　　　　答え　6.25 m²
　③式　4×8.4×4.5＝151.2
　　　　　　　　　　　　　答え　151.2 cm³
　④式　3.8×3.8×3.8＝54.872
　　　　　　　　　　　答え　54.872 cm³

❷ ①33.5　②4.9　③4　④459

❸ ①6　②7

❶ 辺の長さが小数であっても、面積や体積の公式を使って求めることができます。

❷ ①2.8＋29.5＋1.2＝29.5＋2.8＋1.2
　　＝29.5＋(2.8＋1.2)＝29.5＋4＝33.5
　②0.5×4.9×2＝4.9×0.5×2
　　＝4.9×(0.5×2)＝4.9×1＝4.9
　③6.69×0.8－1.69×0.8
　　＝(6.69－1.69)×0.8＝5×0.8＝4
　④102×4.5＝(100＋2)×4.5
　　＝100×4.5＋2×4.5＝450＋9＝459

❸ ①2.5×2.4＝25×24÷100
　　＝25×(4×6)÷100
　　＝(25×4)×6÷100＝6
　②1.25×5.6＝125×56÷1000
　　＝125×(8×7)÷1000
　　＝(125×8)×7÷1000＝7

❶ ①100、0.69　②1000、0.08
❷ ①360.4　②36.04　③0.3604

❸ ⓘ、ⓤ

❹ ①0.36　②2.1　③0.056

❺ ①9.18　②3.192　③3.712
　④5.46　⑤4.14　⑥0.6201

❻ ①式　9.5×7.8＝74.1　　　　答え　74.1 m²
　②式　8.2×8.2＝67.24　　　答え　67.24 cm²
　③式　5.2×4.5×3＝70.2　　答え　70.2 cm³
　④式　2.6×2.6×2.6＝17.576
　　　　　　　　　　　答え　17.576 m³

❼ ①12.3　②5.4

❽ 式　500－80×4.2＝164　　答え　164 円
❾ ①式　16.7－14.2＝2.5　　　　答え　2.5
　②式　2.5×14.2＝35.5　　　　答え　35.5

❷ 積の小数点から下のけた数は、かけられる数とかける数の小数点から下のけた数の和にします。

❸ かける数が１より小さいとき、積はかけられる数より小さくなります。

❹ ③0.8×0.07＝(8×7)÷1000＝56÷1000
　　＝0.056

❺
```
④    8.4          ⑥    0.09
   ×0.6 5            ×6.8 9
   ─────            ─────
    4 2 0              8 1
   5 0 4              7 2
   ─────             5 4
   5.4 6 0         ─────
                    0.6 2 0 1
```

❻ 面積や体積の公式にあてはめます。
　直方体の体積＝たて×横×高さ
　立方体の体積＝１辺×１辺×１辺

❼ ①3.9＋2.3＋6.1＝2.3＋3.9＋6.1
　　＝2.3＋(3.9＋6.1)＝2.3＋10＝12.3
　②4.46×0.9＋1.54×0.9
　　＝(4.46＋1.54)×0.9＝6×0.9＝5.4

❽ おつり＝出した金額ー代金

❾ ①ある数を□とすると、□＋14.2＝16.7
　　　□＝16.7－14.2＝2.5

# 5 小数のわり算

ぴったり1 準備 **24** ページ

1 10、10、600
2 ①18÷0.9　②18÷0.4　③18÷1
　④18÷1.2　⑤18÷9　（①と②、④と⑤は順序<ruby>を<rt>じゅんじょ</rt></ruby>問いません。）

ぴったり2 練習 **25** ページ

てびき

1 ①60　②20　③40　④300
　⑤50　⑥800

2 式　72÷1.8=40　　　　　答え　40円

3 式　45÷0.3=150　　　　答え　150g

4 ⓐ36÷0.2、36÷0.6
　ⓘ36÷1
　ⓤ36÷1.2、36÷3

---

1 わられる数とわる数の両方を10倍して、
　わる数を整数にします。
　①78÷1.3=(78×10)÷(1.3×10)
　　=780÷13=60
　④420÷1.4=(420×10)÷(1.4×10)
　　=4200÷14=300
　⑤40÷0.8=(40×10)÷(0.8×10)
　　=400÷8=50

2 1m分のねだんは、長さが小数のときも、
　代金÷長さ で求められます。
　72÷1.8=(72×10)÷(1.8×10)
　=720÷18=40

3 1m分の重さは、重さ÷長さ で求められます。
　45÷0.3=(45×10)÷(0.3×10)
　=450÷3=150

4 ⓐわる数<1、
　ⓘわる数=1、
　ⓤわる数>1のときです。

ぴったり1 準備 **26** ページ

1 10、10、2.5
2 10、10、2.3
3 10、10、0.34

ぴったり2 練習 **27** ページ

てびき

1 ①2　②5.5　③30　④0.6
　⑤50　⑥0.2

---

1 ①1.6÷0.8=(1.6×10)÷(0.8×10)
　　=16÷8=2
　②2.2÷0.4=(2.2×10)÷(0.4×10)
　　=22÷4=5.5
　③27÷0.9=(27×10)÷(0.9×10)
　　=270÷9=30
　④0.18÷0.3=(0.18×10)÷(0.3×10)
　　=1.8÷3=0.6
　⑤3.5÷0.07=(3.5×100)÷(0.07×100)
　　=350÷7=50
　⑥0.01÷0.05=(0.01×100)÷(0.05×100)
　　=1÷5=0.2

**2** ①3.5 ②5.9 ③14 ④6
　⑤870 ⑥32

**3** ①0.35 ②0.84 ③7.5 ④3.5
　⑤0.8 ⑥3.6

**2** 商の小数点は、わられる数の移した小数点にそろえてうちます。

① 
```
        3.5
1.7) 5.9.5
     5 1
       8 5
       8 5
         0
```

② 
```
          5.9
4.2) 2 4.7.8
     2 1 0
       3 7 8
       3 7 8
           0
```

③ 
```
          1 4
0.68) 9.5 2
      6 8
      2 7 2
      2 7 2
          0
```

④ 
```
          6
0.23) 1.3 8
      1 3 8
          0
```

⑤ 
```
          8 7 0
0.04) 3 4.8 0
      3 2
        2 8
        2 8
          0
```

⑥ 
```
          3 2
0.75) 2 4 0 0
      2 2 5
        1 5 0
        1 5 0
            0
```

**3**

① 
```
          0.3 5
3.6) 1.2.6
     1 0 8
       1 8 0
       1 8 0
           0
```

② 
```
          0.8 4
2.5) 2.1 0
     2 0 0
       1 0 0
       1 0 0
           0
```

③ 
```
          7.5
1.2) 9 0
     8 4
       6 0
       6 0
         0
```

④ 
```
          3.5
2.12) 7.4 2
      6 3 6
      1 0 6 0
      1 0 6 0
            0
```

⑤ 
```
            0.8
4.05) 3.2 4 0
      3 2 4 0
            0
```

⑥ 
```
          3.6
1.75) 6.3 0
      5 2 5
      1 0 5 0
      1 0 5 0
            0
```

◆しあげの5分レッスン 小数点の移し方、商の小数点の位置を確かめよう。

---

**ぴったり1 準備　28ページ**

**1** 10、10、2.6

**2** ①10 ②8 ③1.4 ④4.2
　⑤8 ⑥1.4

**3** 4.6、2.7、1.9

**おうちのかたへ** 商の小数点と余りの小数点の位置は混同しやすいところです。余りがわる数より小さくなっているかどうかを確認するとよいでしょう。

**1** ①77.1　②1.9　③21.6

**1**

① 
```
          77.1 4
  0.7 ) 5 4 0
        4 9
          5 0
          4 9
            1 0
              7
            3 0
            2 8
              2
```

② 
```
           9
         1.8 8
  4.4 ) 8.3 1
        4 4
          3 9 1
          3 5 2
            3 9 0
            3 5 2
              3 8
```

③ 
```
            2 1.6 2
  0.29 ) 6.2 7
         5 8
           4 7
           2 9
           1 8 0
           1 7 4
               6 0
               5 8
                2
```

**2** ①答え…12 余(あま)り2.4

　　　確かめ…2.8×12+2.4=36

　②答え…8余り0.8

　　　確かめ…3.3×8+0.8=27.2

　③答え…1 余り2.34

　　　確かめ…4.2×1+2.34=6.54

**2**

① 
```
           1 2
  2.8 ) 3 6 0
        2 8
          8 0
          5 6
          2.4
```

② 
```
           8
  3.3 ) 2 7.2
        2 6 4
          0.8
```

③ 
```
          1
  4.2 ) 6.5 4
        4 2
        2.3 4
```

**3** ①4−1.8(=2.2)

　②2.3+4.7(=7)

　③9.2÷2.3(=4)

　④7×3.5(=24.5)

**3** 計算の間には、次のような関係があります。

・■+▲=●　→　■=●−▲

・■−▲=●　→　■=●+▲

・■×▲=●　→　■=●÷▲

・■÷▲=●　→　■=●×▲

**4** 式　70÷8.4=8 余り2.8

　　　　答え　8本できて、2.8 cm 余る。

**4** 本数を求めるので、商は一の位まで計算します。

**1** ①10、3

　②100、90

**2** 68÷0.82と68÷0.67

**2** わる数が1より小さいとき、商はわられる数より大きくなります。

**3** ⓘ

**3** わられる数とわる数の両方に同じ数をかけて、855÷45 になるものをみつけます。

**4** ①6　②0.3　③60

**4** ①3÷0.5=(3×10)÷(0.5×10)=30÷5=6

　②0.39÷1.3=(0.39×10)÷(1.3×10)

　　=3.9÷13=0.3

　③5.4÷0.09=(5.4×100)÷(0.09×100)

　　=540÷9=60

⑤ ①8.5 ②6.7 ③3余り1.2

⑤
① 
$$1.4\overline{)11.9} = 8.5$$
112
70
70
0

②
$$7.8\overline{)520} = 7$$
6.66
468
520
468
520
468
52

③
$$5.6\overline{)18.0} = 3$$
168
1.2

⑥ ①9.1−6.3(=2.8)
②0.9+3.8(=4.7)
③6.5÷2.5(=2.6)
④1.8×3.2(=5.76)

⑥ 計算の間には、次のような関係があります。
・■＋▲＝● → ■＝●−▲
・■−▲＝● → ■＝●＋▲
・■×▲＝● → ■＝●÷▲
・■÷▲＝● → ■＝●×▲

⑦ 式 74.1÷7.8=9.5　　　答え　9.5 m

⑦ 長方形の面積＝たて×横だから、
たて＝長方形の面積÷横になります。

⑧ 式 20÷1.2=16余り0.8　　　答え　17本

⑧ 余りの分もびんに入れなければならないので、
16+1=17より、びんは 17本いります。

⑨ 式 19.6÷3.2=6余り0.4
答え　6本とれて、0.4 m余る。

⑨ テープの本数は整数なので、商は一の位まで求めて、余りも出します。

# ⑥ 割 合(1)

**ぴったり① 準備　32ページ**

1 ①30 ②40 ③0.75 ④0.75

2 ①0.8 ②0.7 ③0.56 ④0.56

**ぴったり② 練習　33ページ**　　てびき

1 ①2.5倍 ②0.4倍

1 割合＝くらべる量÷もとにする量で求めます。
①緑のリボンの長さをもとにする量として考えます。
30÷12=2.5　　　　　　　　　　2.5倍
②黄のリボンの長さをもとにする量として考えます。
12÷30=0.4　　　　　　　　　　0.4倍

2 ①26 m ②16 m ③2.1倍

2 くらべる量＝もとにする量×割合で求めます。
①赤のロープの長さをもとにする量として考えます。
20×1.3=26　　　　　　　　　　26 m
②赤のロープの長さをもとにする量として考えます。
20×0.8=16　　　　　　　　　　16 m
③26+16=42
42÷20=2.1　　　　　　　　　　2.1倍

3 3.6 dL

3 りんごジュースをもとにする量として考えます。
4×0.9=3.6　　　　　　　　　　3.6 dL

1 ①70 ②1.4 ③50 ④50
2 ①0.3 ②0.6 ③0.6 ④0.6
⑤0.18 ⑥540 ⑦540

**しあげの5分レッスン** まちがえた問題をもう1回やってみよう。

---

てびき

1 ①3.6m ②15m

1 もとにする量＝くらべる量÷割合で求めます。
①4.5÷1.25＝3.6　　　　　　　　　　　3.6m
②4.5÷0.3＝15　　　　　　　　　　　　15m

2 30人

2 数量の関係を図に表すと、下のようになります。

全体の人数の(0.5×0.3)倍が犬を飼っている人数だから、
200×(0.5×0.3)＝200×0.15
＝30　　　　　　　　　　　　　　　　30人

3 5L

3 数量の関係を図に表すと、下のようになります。

小の容積の(1.5×1.8)倍が大の容積だから、
13.5÷(1.5×1.8)＝13.5÷2.7
＝5　　　　　　　　　　　　　　　　　5L

---

てびき

1 ①⑦ ②2.5倍 ③0.4倍

1 ①あの荷物の1.25倍の重さは、
28×1.25＝35 より、35kg です。
よって、⑦の荷物です。
②えの荷物の重さをもとにする量として求めます。
35÷14＝2.5　　　　　　　　　　　　2.5倍
③⑦の荷物の重さをもとにする量として求めます。
14÷35＝0.4　　　　　　　　　　　　0.4倍

2 1.5倍…3.6L　2.9倍…6.96L
0.3倍…0.72L

2 2.4L をもとにする量として求めます。

3 式 240÷1.2＝200　　　答え 200円

3 もとにする量＝くらべる量÷割合で求めます。

4 式 2÷0.8＝2.5　　　答え 2.5m

4 ゆうなさんの使ったリボンの長さを
□m とすると、
□×0.8＝2
□＝2÷0.8

5 ①式 4.5÷3＝1.5　　　答え 1.5倍
②式 4.5×0.4＝1.8　　　答え 1.8m

5 ①青のリボンの長さ3m をもとにする量として求めます。
②赤のリボンの長さ4.5m をもとにする量として0.4倍にあたる大きさを求めます。

6 式 4.8÷0.3＝16　　　答え 16m

6 ビルの高さの0.3倍が4.8m だから、
4.8÷0.3＝16　　　　　　　　　　　16m

⑦ 式　500×(0.4×0.6)=500×0.24=120
　　　　　　　　　　　　答え　120人

⑦ 数量の関係を図に表すと、下のようになります。

妹のいる人数が全体の何倍になっているかを考えて求めます。

全体の人数の(0.4×0.6)倍が妹のいる人数です。

# ⑦ 合同な図形

ぴったり① 準備　　38ページ

❶ (1)D
　(2)FE
　(3)F
❷ (1)3.2、5.2
　(2)88、60
❸ 合同

ぴったり② 練習　　39ページ　　　てびき

❶ あとか、うとお

❷ ①H　②GF　③E

❸ ①9cm　②105°

❹ ①三角形ADC(CDA)
　②三角形CBD(CDB)
　③三角形CBE、三角形ADE、三角形CDE

❶ 合同な図形はぴったり重なるから、対応する辺の長さや角の大きさが等しくなります。
　見た目にまどわされず、辺の長さや角の大きさをきちんとよみとって調べます。

❷ 2つの四角形は、一方をうら返すとぴったり重なります。
　②頂点Bに対応するのは頂点G、頂点Cに対応するのは頂点Fだから、辺BCに対応するのは辺GFです。

❸ ①頂点Gに対応するのは頂点A、頂点Hに対応するのは頂点Bだから、辺GHに対応するのは辺ABです。
　②角Eに対応するのは角Cです。

❹ ひし形は、辺の長さがすべて等しい四角形です。
　また、ひし形の2本の対角線は、それぞれのまん中の点で垂直に交わります。
　2本の対角線をひいてできた4つの直角三角形は、すべて合同になります。

ぴったり① 準備　　40ページ

❶ (1)2、3、A
　(2)60、3、A
　(3)45、50、A
❷ 3、2.5、D

**1** ①（例） ②（例）

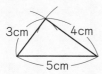 

③（例）

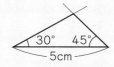

**2** ①AB（BA） ②⑤ ③⑥ ④AD（DA）

**3**

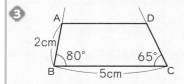

**1** 次のようにしてかきます。

①⑦5cm の辺をかきます。

　④⑦の1つのはしから、半径3cm の円をかきます。

　⑦⑦のもう一方のはしから、半径4cm の円をかきます。

　⑤④と⑦の交わった点と⑦の両はしを結びます。

②⑦4cm の辺をかきます。

　④⑦の1つのはしから、40°の角をかきます。

　⑦④の直線で、頂点から4.5cm の点をとります。

　⑤⑦の点と⑦のもう一方のはしを結びます。

③⑦5cm の辺をかきます。

　④⑦の1つのはしから、30°の角をかきます。

　⑦⑦のもう一方のはしから、45°の角をかきます。

　⑤④と⑦の交わった点が3つ目の頂点です。

**2** 合同な四角形をかくときには、四角形を対角線で2つの三角形に分けてかきます。

①三角形の3つの辺の長さを使う方法です。

②三角形の1つの辺の長さとその両はしの角の大きさを使う方法です。

③④三角形の2つの辺の長さとその間の角の大きさを使う方法です。

**3** 台形は向かいあう1組の辺が平行なことを使ってかきます。

⑦5cm の辺をかいて、左はしを頂点B、右はしを頂点Cとします。

④頂点Bから、80°の角をかきます。

⑦④の直線で、頂点Bから2cm のところを頂点Aとします。

⑤65°の角Cをかき、頂点Aを通って直線BCに平行な直線をかき、交わった点を頂点Dとします。

しあげの5分レッスン 平行四辺形や台形のかき方をおさえておこう。

**1** (1)①180　②180　③70　④80　⑤80

　(2)①105　②105　③30　④30

　(3)①360　②360　③90　④130　⑤130

**2** ①180　②180　③540　④540

しあげの5分レッスン まちがえた問題をもう1回やってみよう。

❶ ⓐ45°　ⓘ55°　ⓤ60°　ⓔ80°

❷ ⓐ110°　ⓘ100°

❸ ①540°　②125°

❶ ⓐ180°−(80°+55°)=45°
　ⓘまずⓐの角の大きさを求めます。
　　180°−(30°+25°)=125°
　　180°−125°=55°

　ⓤこの三角形は正三角形だから、3つの角の大きさ
　　はすべて等しくなります。180°÷3=60°
　ⓔこの三角形は二等辺三角形だから、
　　ⓔとⓘの角の大きさは等しくなります。
　　(180°−20°)÷2=80°
　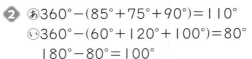

❷ ⓐ360°−(85°+75°+90°)=110°
　ⓘ360°−(60°+120°+100°)=80°
　　180°−80°=100°

❸ ①五角形は対角線で3つの三角形に分けられるので、
　　5つの角の大きさの和は、
　　180°×3=540°
　②540°−(120°+95°+110°+90°)=125°

❶ ①頂点F　②辺DE　③角E

❷ ①三角形CDA　②三角形CDB
　③三角形CDE

❸ ①(例)　　　　　　②(例)

❹ (例)

❺ ⓐ110°　ⓘ50°　ⓤ65°　ⓔ100°

❶ ②頂点Aに対応するのは頂点D、頂点Bに対応する
　のは頂点Eだから、辺ABに対応するのは
　辺DEです。

❷ ③点Eを中心にして平行四辺形をまわすと、
　　三角形ABEと三角形CDEはぴったり重なります。

❸ 次のようにしてかきます。
　①ⓐ3cmの辺をかきます。
　　ⓘⓐの1つのはしから、50°の角をかきます。
　　ⓤⓘの直線で、頂点から3.5cmの点をとります。
　　ⓔ ⓤの点とⓐのもう一方のはしを結びます。
　②ⓐ4cmの辺をかきます。
　　ⓘⓐの1つのはしから、70°の角をかきます。
　　ⓤⓐのもう一方のはしから、30°の角をかきます。
　　ⓔ ⓘとⓤの交わった点が3つ目の頂点です。

❹ ⓐ5cmの辺をかいて、左はしを頂点B、右はしを
　　頂点Cとします。
　ⓘ頂点Bから65°の角をかきます。
　ⓤⓘの直線で、頂点Bから4cmのところを頂点A
　　とします。
　ⓔ頂点Aから半径2.5cmの円と、頂点Cから半径
　　3cmの円をそれぞれかき、
　　交わった点を頂点Dとします。
　ⓞ頂点Aと頂点D、頂点Cと頂点Dを結びます。

❺ ⓐ180°−(40°+30°)=110°
　ⓘこの三角形は二等辺三角形
　　なので、ⓐの角の大きさは
　　65°です。
　　180°−65°×2=50°

**⑤** ꜰ70°　ꜰ70°　ꜰ140°

**⑦** 720°

ꜰまず⑦の角の大きさを求めます。

180°－(20°＋45°)＝115°

⑦と⑦の角の大きさをたすと180°になるから、⑦の角の大きさを求めるには、180°から⑦の角の大きさをひきます。

180°－115°＝65°

ꜰ360°－(80°＋115°＋65°)＝100°

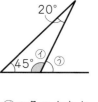

**⑥** ꜰ三角形ABDは二等辺三角形なので、

(180°－40°)÷2＝70°

ꜰひし形の辺の長さはすべて等しく、
向かいあう角の大きさも等しいので、

(180°－40°)÷2＝70°

ꜰ180°－40°＝140°

**⑦** 六角形は、右の図のように
4つの三角形に分けられる
ので、

180°×4＝720°

---

 # 見方・考え方を深めよう⑴

**もう1回!　もう1回!　46～47ページ**　　　**てびき**

**❶** ①

| 正方形の数(個) | 1 | 2 | 3 | 4 | 5 | 6 | 7 |
|---|---|---|---|---|---|---|---|
| マッチぼうの数(本) | 4 | 7 | 10 | 13 | 16 | 19 | 22 |

②31本　③13個

**❶** ②正方形の数が1個増えると、マッチぼうの数は3本増えます。

表の続きを考えると、

| 正方形の数(個) | 1 | 2 | 3 | 4 | 5 | 6 | 7 | 8 | 9 | 10 |
|---|---|---|---|---|---|---|---|---|---|---|
| マッチぼうの数(本) | 4 | 7 | 10 | 13 | 16 | 19 | 22 | 25 | 28 | 31 |

　　　　　　　　　　　　　　　　　　　　　+3 +3 +3

③②と同じように、表の続きをかいて調べます。

**❷** ①

| だんの数(だん) | 1 | 2 | 3 | 4 | 5 | 6 | 7 |
|---|---|---|---|---|---|---|---|
| 色板の数(まい) | 1 | 3 | 6 | 10 | 15 | 21 | 28 |

②8だん　③55まい

**❷** ②色板の数は、

1　3　6　10　15　21　28
　+2 +3 +4 +5 +6 +7

と増えていくから、28＋8＝36で、36まい使うと8だんになります。

③表の続きを考えると、

| だんの数(だん) | 1 | 2 | 3 | 4 | 5 | 6 | 7 | 8 | 9 | 10 |
|---|---|---|---|---|---|---|---|---|---|---|
| 色板の数(まい) | 1 | 3 | 6 | 10 | 15 | 21 | 28 | 36 | 45 | 55 |

　　　　　　　　　　　　+2 +3 +4 +5 +6 +7 +8 +9 +10

**❸** ①

| だんの数(だん) | 1 | 2 | 3 | 4 | 5 |
|---|---|---|---|---|---|
| ひごの数(本) | 3 | 9 | 18 | 30 | 45 |

②6だん　③84本

**❸** ②ひごの数は、次のように増えていきます。

3　9　18　30　45　63　84
　+6 +9 +12 +15 +18 +21

③表の続きを考えると、

| だんの数(だん) | 1 | 2 | 3 | 4 | 5 | 6 | 7 | 8 | 9 | 10 |
|---|---|---|---|---|---|---|---|---|---|---|
| ひごの数(本) | 3 | 9 | 18 | 30 | 45 | 63 | 84 | 108 | 135 | 165 |

　　　　　　　+6 +9 +12 +15 +18 +21 +24 +27 +30

**4** ①

| 1つの辺の数(個) | 2 | 3 | 4 | 5 |
|---|---|---|---|---|
| 全 部 の 数(個) | 4 | 8 | 12 | 16 |

②36個　③12個

**4** ②全部の数は、次のように増えていきます。

4　8　12　16　20　24　28　32
　+4　+4　+4　+4　+4　+4　+4

1つの辺の数が9個のとき、全部の数は32個だから、10個のときは、32+4=36で36個になります。

③②から、1つの辺の数が
11個のとき、36+4=40(個)
12個のとき、40+4=44(個)
よって、12個になります。

# 8 整 数

## ぴったり1 準備　48ページ

**1** (1)9、偶数　(2)1、奇数　(3)29、1、奇数　(4)250、偶数

**2** ①86　②362　③6524　④41　⑤913　⑥1297　(①と②と③、④と⑤と⑥は順序を問いません。)

**3** ①6　②偶数　③7　④奇数

## ぴったり2 練習　49ページ

てびき

**1** 20 ㉑ 22 ㉓ 24 ㉕ 26 ㉗ 28 ㉙ 30 ㉛ 32 ㉝ 34 ㉟ 36 ㊲ 38 ㊴ 40

**2** ㊿ 51 ㊾ 53 ㊺ 55 ㊻ 57 ㊼ 59 ㊿ 61 ㊿ 63 ㊿ 65 ㊿ 67 ㊿ 69 ㊿

**3** ①偶数　②奇数　③偶数　④奇数
⑤奇数　⑥偶数　⑦偶数　⑧奇数

**4** ①奇数　②偶数

**1** 一の位の数字が1、3、5、7、9の数を選びます。

**2** 一の位の数字が0、2、4、6、8の数を選びます。

**3** 一の位の数字が0、2、4、6、8なら偶数、1、3、5、7、9なら奇数です。

## ぴったり1 準備　50ページ

**1** (1)①7　②14　③21　(2)①10　②15　③15　④15

**2** ①12　②18　③12　④36　⑤36　⑥12

**3** 18、18

## ぴったり2 練習　51ページ

てびき

**1** ①8、16、24、32、40
②13、26、39、52、65

**2** 36、72、108

**3** ①24　②20　③12

**1** ①の8、②の13のように、その数に1をかけた数もわすれないようにしましょう。

**2** 9の倍数の中から、4の倍数をみつけます。
9の倍数　9、18、27、㊱、45、54、…
みつけた最小公倍数36の倍数を3個かきます。

**3** ①②2つの数の大きいほうの倍数をまずかき、小さいほうの倍数がその中にあるかをみていきます。
①12の倍数の中から、8の倍数をみつけます。
12の倍数　12、㉔、36、48、…
③6の倍数の中から4の倍数をみつけ、さらにその中から3の倍数をみつけます。

**④** 午前9時45分

**④** 15の倍数の中から、9の倍数をみつけます。
　　15の倍数　15、30、㊺、60、…
　45分後に上下同時にふき上げることになります。
　午前か午後かもわすれずにかきましょう。

🕐 **しあげの5分レッスン** 公倍数のみつけ方をおさえておこう。

---

**ぴったり1 準備**　　**52** ページ

**1** 2、5
**2** ①2　②4　③8　④2　⑤4　⑥10　⑦2　⑧4　⑨4
**3** 3、6、6

---

**ぴったり2 練習**　　**53** ページ　　　　　　　　　　　**てびき**

**1** ①1、11
　②1、5、25
　③1、2、3、5、6、10、15、30

**2** ①2、6、18
　②1、3、9
　③27　最大公約数…9

**3** ①公約数…1、5　最大公約数…5
　②公約数…1　最大公約数…1
　③公約数…1、2、4、8
　　最大公約数…8
　④公約数…1、7　最大公約数…7

**4** 16人

**1** 約数は、1、2、3、……と小さい数から順にわってみつけていきます。
　③のように約数が多いときは、1と30、2と15、3と10、5と6の積はすべて30になることから、もれがないかどうかを確かめるとよいです。

**2** 18の約数は、1、2、3、6、9、18
　27の約数は、1、3、9、27

**3** ①～③2つの数の小さいほうの約数をまずかいて、それから、大きいほうの約数がその中にあるかをみていきます。
　①10の約数の中から、15の約数をみつけます。
　　10の約数　①、2、⑤、10
　④14の約数の中から28の約数をみつけ、さらにその中から35の約数をみつけます。

**4** 分ける人数が48と32の公約数であれば、余りが出ないように分けられます。
　できるだけ多くの子どもに分けるので、48と32の最大公約数をみつけます。

---

**ぴったり3 確かめのテスト**　　**54〜55** ページ　　　　　**てびき**

**1** ①奇数　②偶数　③偶数　④奇数

**2** ①16、32、48
　②21、42、63
　③60、120、180

**3** ①1、2、4、5、8、10、20、40
　②1、3、9
　③1、3

**4** ①36　②14

**5** ①6個　②5個　③2個

**1** 偶数か奇数かは、一の位の数字で調べます。
　一の位の数字が偶数なら偶数、一の位の数字が奇数なら奇数になります。

**2** ①1をかけた数をわすれないようにしましょう。

**3** ②③1はどんな場合でも公約数にはいります。

**4** ①36は18の倍数なので、36の倍数の中に18の倍数がふくまれています。

**5** ①3、6、9、12、15、18の6個です。
　③2と5の最小公倍数は10なので、10、20の2個です。

**⑥** 午前9時5分

**⑦** バラ…3本、コスモス…5本

**はってん** - - - - - - - - - - - - - - - - - - - - - - - -

**1** ①× ②○ ③× ④○

---

**⑥** 8と10の最小公倍数は40なので、40分後に同時に発車することがわかります。
午前8時25分の40分後は午前9時5分です。

**⑦** 21と35の最大公約数を考えます。
21の約数の中から35の約数をみつけます。
最大公約数は7なので、7つの花たばができることになります。
バラは、21÷7＝3で、3本ずつ
コスモスは、35÷7＝5で、5本ずつ
入れればよいです。

**1** 1とその数の2個しか約数がない整数が素数です。
①の4の約数は1、2、4、③の15の約数は1、3、5、15なので、4と15は素数ではありません。

---

# ⑨ 分 数

**ぴったり1 準備** 　**56**ページ

**1** ①4 ②6 ③2 ④3
　⑤16 ⑥24 ⑦24 ⑧36
**2** ①3 ②4 ③3 ④4
**3** ①12 ②9 ③8

---

**ぴったり2 練習** 　**57**ページ 　　　　　　　　　　　**てびき**

**1** $\frac{1}{3}$、$\frac{4}{12}$、$\frac{3}{9}$、$\frac{8}{24}$

**2** ①$\frac{3}{5}$ ②$\frac{5}{7}$ ③$\frac{4}{5}$ ④$\frac{3}{4}$

**3** ①$\frac{7}{21}$、$\frac{3}{21}$ ②$\frac{16}{40}$、$\frac{15}{40}$ ③$\frac{15}{18}$、$\frac{14}{18}$
　④$\frac{6}{8}$、$\frac{5}{8}$

**4** ①$\frac{1}{3} > \frac{1}{5}$ ②$\frac{1}{2} < \frac{4}{7}$ ③$\frac{5}{6} < \frac{9}{10}$
　④$\frac{9}{8} > \frac{13}{12}$

---

**1** 等しい分数は、分母と分子を同じ数でわったり、分母と分子に同じ数をかけたりしてつくります。
$$\frac{2÷2}{6÷2}=\frac{1}{3} \qquad \frac{2×2}{6×2}=\frac{4}{12} \qquad \frac{2×4}{6×4}=\frac{8}{24}$$
$\frac{3}{9}$ は、$\frac{1}{3}$ の分母と分子に3をかけた分数です。

**2** ②分母と分子を、42と30の最大公約数の6でわります。
③分母と分子を7でわります。
④分母と分子を10でわります。

**3** 分母の最小公倍数をみつけます。
①は21、②は40、③は18、④は8が最小公倍数です。

**4** 通分して分母を同じにしたとき、分子の大きいほうが大きい分数です。
① $\frac{1}{3}=\frac{5}{15}$、$\frac{1}{5}=\frac{3}{15}$ 　$\frac{5}{15}$ のほうが大きい。
② $\frac{1}{2}=\frac{7}{14}$、$\frac{4}{7}=\frac{8}{14}$ 　$\frac{8}{14}$ のほうが大きい。
③ $\frac{5}{6}=\frac{25}{30}$、$\frac{9}{10}=\frac{27}{30}$ 　$\frac{27}{30}$ のほうが大きい。
④ $\frac{9}{8}=\frac{27}{24}$、$\frac{13}{12}=\frac{26}{24}$ 　$\frac{27}{24}$ のほうが大きい。

**1** (1)①6 ②6 ③1 ④3 ⑤4 ⑥4 ⑦$\frac{2}{3}$ (2)①10 ②10 ③6 ④5 ⑤$\frac{1}{10}$

**2** ①10 ②21 ③19 ④3 ⑤7

**❶** ①$\frac{13}{18}$ ②$\frac{17}{12}\left(1\frac{5}{12}\right)$ ③$\frac{1}{2}$

④$\frac{7}{20}$ ⑤$\frac{17}{21}$ ⑥$\frac{4}{9}$

**❷** ①$\frac{1}{4}$ ②$\frac{1}{8}$ ③$\frac{43}{10}\left(4\frac{3}{10}\right)$

④$\frac{13}{7}\left(1\frac{6}{7}\right)$ ⑤$\frac{13}{10}\left(1\frac{3}{10}\right)$ ⑥$\frac{19}{36}$

**❸** ①式 $\frac{3}{8}+\frac{1}{5}=\frac{23}{40}$　　　答え $\frac{23}{40}$ m

②式 $\frac{3}{8}-\frac{1}{5}=\frac{7}{40}$　　　答え $\frac{7}{40}$ m

**❶** ③$\frac{1}{5}+\frac{3}{10}=\frac{2}{10}+\frac{3}{10}=\frac{\overset{1}{\cancel{5}}}{\underset{2}{\cancel{10}}}=\frac{1}{2}$

⑥$\frac{5}{6}-\frac{7}{18}=\frac{15}{18}-\frac{7}{18}=\frac{\overset{4}{\cancel{8}}}{\underset{9}{\cancel{18}}}=\frac{4}{9}$

**❷** ①$\frac{3}{4}+\frac{1}{3}-\frac{5}{6}=\frac{9}{12}+\frac{4}{12}-\frac{10}{12}=\frac{\overset{1}{\cancel{3}}}{\underset{4}{\cancel{12}}}=\frac{1}{4}$

②$\frac{7}{8}-\frac{1}{4}-\frac{1}{2}=\frac{7}{8}-\frac{2}{8}-\frac{4}{8}=\frac{1}{8}$

**❸** ①$\frac{3}{8}+\frac{1}{5}=\frac{15}{40}+\frac{8}{40}=\frac{23}{40}$

②$\frac{3}{8}-\frac{1}{5}=\frac{15}{40}-\frac{8}{40}=\frac{7}{40}$

**1** ①3 ②8 ③11 ④4

**2** (1)0.4 (2)0.36 (3)3、7、0.43

**3** (1)①10 ②5 (2)①100 ②4 (3)1

**❶** ①$\frac{1}{2}$ ②$\frac{12}{7}\left(1\frac{5}{7}\right)$ ③$\frac{2}{5}$

**❷** ①0.375 ②0.64 ③4.3

**❸** ①0.17 ②1.38

**❹** ①$\frac{9}{10}$ ②$\frac{27}{100}$ ③$\frac{2}{125}$

④$\frac{5}{2}\left(2\frac{1}{2}\right)$ ⑤$\frac{23}{20}\left(1\frac{3}{20}\right)$ ⑥$\frac{18}{1}$

**❺**

```
        0.6 3/4    1 1/4  1.5 8/5
   0    ↓  ↓    1   ↓   ↓      2
   |—————————————————————————————|
```

(大きい順に) $\frac{8}{5}$、1.5、$1\frac{1}{4}$、$\frac{3}{4}$、0.6

**❶** ▲÷■＝$\frac{▲}{■}$

約分できるときはわすれずに約分しましょう。

**❷** 分子÷分母で計算します。

①3÷8＝0.375 ②16÷25＝0.64

③43÷10＝4.3

**❸** ①1÷6＝0.1$\overset{7}{6}$6……→0.17

②18÷13＝1.38$\overset{}{4}$……→1.38

**❹** 約分できるときはわすれずに約分しましょう。

⑥整数は、1を分母とする分数で表すことができます。

**❺** 分数は、小数になおして考えます。

$\frac{3}{4}=3÷4=0.75$　　$\frac{8}{5}=8÷5=1.6$

$1\frac{1}{4}=\frac{5}{4}=5÷4=1.25$

数直線のいちばん小さい1目もりは、0.05です。

**1** ①$\frac{1}{6}$ ②14 ③$\frac{7}{9}$ ④$\frac{7}{9}$ ⑤30 ⑥$\frac{5}{3}$ ⑦$\frac{5}{3}$ ⑧2

❶ ①式　$50 \div 80 = \dfrac{5}{8}$　　　答え　$\dfrac{5}{8}$ 倍

　　②式　$24 \div 9 = \dfrac{8}{3}$　　　答え　$\dfrac{8}{3}$ 倍 $\left(2\dfrac{2}{3}\text{倍}\right)$

❷ 式　$360 \div 270 = \dfrac{4}{3}$　　　答え　$\dfrac{4}{3}$ 倍 $\left(1\dfrac{1}{3}\text{倍}\right)$

❸ ①式　$9 \div 11 = \dfrac{9}{11}$　　　答え　$\dfrac{9}{11}$ 倍

　　②式　$11 \div 9 = \dfrac{11}{9}$　　　答え　$\dfrac{11}{9}$ 倍 $\left(1\dfrac{2}{9}\text{倍}\right)$

❶ 「△は、□の何倍ですか」の答えは、△÷□で求めます。

❸ 「△は、□の何倍ですか」の答えは、△÷□で求めます。
　△と□にあてはまる数に注意して計算しましょう。
　①△＜□のとき、答えは1より小さくなります。
　②△＞□のとき、答えは1より大きくなります。

---

❶ ① $\dfrac{2}{3}$　② $\dfrac{2}{5}$

❷ ① $\dfrac{9}{36}$、$\dfrac{8}{36}$　② $\dfrac{8}{30}$、$\dfrac{25}{30}$

❸ ① $\dfrac{7}{9}$　② $\dfrac{22}{21}\left(1\dfrac{1}{21}\right)$　③ $\dfrac{1}{16}$　④ $\dfrac{1}{9}$
　⑤ $\dfrac{28}{9}\left(3\dfrac{1}{9}\right)$　⑥ $\dfrac{13}{3}\left(4\dfrac{1}{3}\right)$
　⑦ $\dfrac{7}{8}$　⑧ $\dfrac{28}{15}\left(1\dfrac{13}{15}\right)$

❹ ① $\dfrac{6}{11}$　② $\dfrac{1}{4}$　③ $\dfrac{7}{3}\left(2\dfrac{1}{3}\right)$

❺ ①0.8　②0.55　③0.47
　④ $\dfrac{29}{1000}$　⑤ $\dfrac{26}{25}\left(1\dfrac{1}{25}\right)$　⑥ $\dfrac{10}{1}$

❻ ①式　$2 \div 7 = \dfrac{2}{7}$　　　答え　$\dfrac{2}{7}$ 倍

　　②式　$21 \div 27 = \dfrac{7}{9}$　　　答え　$\dfrac{7}{9}$ 倍

❼ ①式　$\dfrac{3}{10} + \dfrac{1}{3} = \dfrac{9}{30} + \dfrac{10}{30} = \dfrac{19}{30}$

　　　　　　　　答え　$\dfrac{19}{30}$ km

　　②式　$\dfrac{1}{3} - \dfrac{3}{10} = \dfrac{10}{30} - \dfrac{9}{30} = \dfrac{1}{30}$

　　　　　　　　答え　$\dfrac{1}{30}$ km

❶ 約分するには、分母と分子を、それらの最大公約数でわります。

❷ 通分するには、分母の最小公倍数をみつけて、それを分母とする分数をつくります。

❸ ② $\dfrac{5}{6} + \dfrac{3}{14} = \dfrac{35}{42} + \dfrac{9}{42} = \dfrac{\overset{22}{\cancel{44}}}{\underset{21}{\cancel{42}}} = \dfrac{22}{21}\left(1\dfrac{1}{21}\right)$

　④ $\dfrac{7}{12} - \dfrac{17}{36} = \dfrac{21}{36} - \dfrac{17}{36} = \dfrac{\overset{1}{\cancel{4}}}{\underset{9}{\cancel{36}}} = \dfrac{1}{9}$

　⑤〜⑧帯分数のたし算やひき算は、
　　・仮分数になおして計算する
　　・整数と分数に分けて計算する
　の2とおりのしかたで計算することができます。

❹ $\triangle \div \blacksquare = \dfrac{\triangle}{\blacksquare}$　で求めます。

❺ ①$4 \div 5 = 0.8$　②$11 \div 20 = 0.55$
　③$7 \div 15 = 0.46\overset{7}{6}\cdots\cdots \to 0.47$
　④⑤⑥
　$0.1 = \dfrac{1}{10}$, $0.01 = \dfrac{1}{100}$, $0.001 = \dfrac{1}{1000}$ を
　もとに考えます。整数は、1を分母とする分数で表します。

❻ 「△は、□の何倍ですか」の答えは、△÷□で求めます。

# ⑩ 面 積

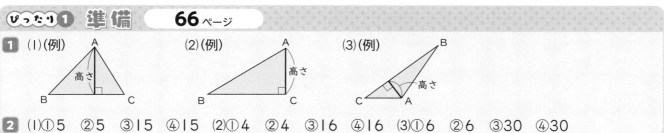

**ぴったり1 準備** **66**ページ

**1** (1)(例) **(2)(例)** **(3)(例)**

**2** (1)①5 ②5 ③15 ④15 (2)①4 ②4 ③16 ④16 (3)①6 ②6 ③30 ④30

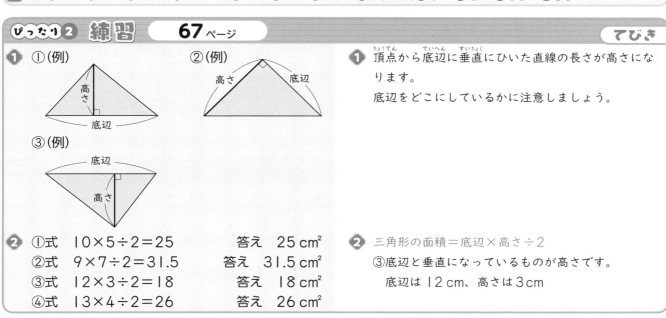

**ぴったり2 練習** **67**ページ                                                    **てびき**

**1** ①(例) **②(例)**

③(例)

**2** ①式　10×5÷2＝25　　　　　答え　25 cm²
　　②式　9×7÷2＝31.5　　　　答え　31.5 cm²
　　③式　12×3÷2＝18　　　　　答え　18 cm²
　　④式　13×4÷2＝26　　　　　答え　26 cm²

**1** 頂点から底辺に垂直にひいた直線の長さが高さになります。
底辺をどこにしているかに注意しましょう。

**2** 三角形の面積＝底辺×高さ÷2
③底辺と垂直になっているものが高さです。
　　底辺は12 cm、高さは3 cm

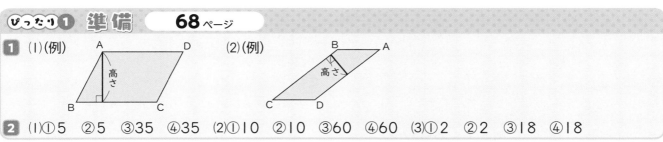

**ぴったり1 準備** **68**ページ

**1** (1)(例) **(2)(例)**

**2** (1)①5 ②5 ③35 ④35 (2)①10 ②10 ③60 ④60 (3)①2 ②2 ③18 ④18

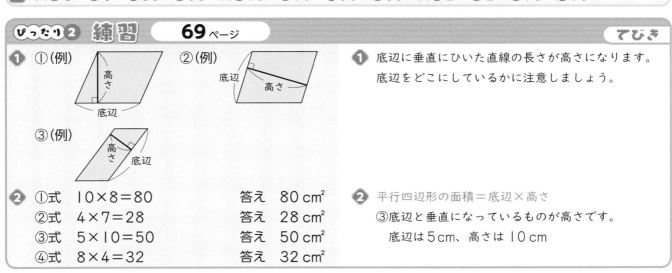

**ぴったり2 練習** **69**ページ                                                    **てびき**

**1** ①(例) **②(例)**

③(例)

**2** ①式　10×8＝80　　　　　　答え　80 cm²
　　②式　4×7＝28　　　　　　　答え　28 cm²
　　③式　5×10＝50　　　　　　答え　50 cm²
　　④式　8×4＝32　　　　　　　答え　32 cm²

**1** 底辺に垂直にひいた直線の長さが高さになります。
底辺をどこにしているかに注意しましょう。

**2** 平行四辺形の面積＝底辺×高さ
③底辺と垂直になっているものが高さです。
　　底辺は5 cm、高さは10 cm

**ぴったり1 準備** **70**ページ

**1** (1)4、12、12　(2)6、18、18
**2** (1)7、70、70　(2)12、60、60

**1** ①式 $8 \times 7 \div 2 = 28$　　　　答え　28 cm²
　　②式 $5 \times 9 \div 2 = 22.5$　　　答え　22.5 cm²
　　③式 $12 \times 10 = 120$　　　　答え　120 cm²
　　④式 $6 \times 4 = 24$　　　　　　答え　24 cm²

**2** ⓘ21 cm²　㋺21 cm²

**3** ①式 $(4+9) \times 4 \div 2 = 26$　　答え　26 cm²
　　②式 $6 \times 11 \div 2 = 33$　　　答え　33 cm²

**1** ①は、底辺8cm、高さ7cm、②は、底辺5cm、高さ9cmの三角形となります。
③は、底辺12cm、高さ10cm、④は、底辺6cm、高さ4cmの平行四辺形となります。

**2** 平行な2本の直線にはさまれているので、3つの三角形の高さは同じです。
底辺の長さが等しく、高さも等しい三角形は、面積も等しくなります。

**3** ①台形の面積＝(上底＋下底)×高さ÷2
②ひし形の面積＝対角線×対角線÷2

**1** ①3　②15　③5　④25　⑤25　⑥40　⑦40
**2** ①8　②12　③16　④20　⑤2　⑥3　⑦する

**1** ①式 $5 \times 2 \div 2 = 5$
　　　　$4 \times 3 \div 2 = 6$
　　　　$5 + 6 = 11$　　　　　　答え　11 cm²
　　②式 $7 \times 7.4 \div 2 = 25.9$
　　　　$10 \times 2 \div 2 = 10$
　　　　$25.9 + 10 = 35.9$　　答え　35.9 cm²

**2** 750 m²

**3** ①

| 底辺(cm) | 1 | 2 | 3 | 4 |
|---|---|---|---|---|
| 面積(cm²) | 5 | 10 | 15 | 20 |

②2倍、3倍、……になる。　③比例する。

**1** 2つの三角形に分けて考えます。

**2** 長方形と三角形に分けて考えます。
$30 \times 15 = 450$
$30 \times 20 \div 2 = 300$
$450 + 300 = 750$

**3** ③底辺が2倍、3倍、……になると、面積も2倍、3倍、……になるので、面積は底辺に比例します。

**1** ①底辺、高さ　②底辺、高さ
③上底、下底、高さ　④対角線、対角線

**2** ①式 $14 \times 7 \div 2 = 49$　　　答え　49 cm²
　　②式 $8 \times 3.5 = 28$　　　　　答え　28 cm²
　　③式 $11 \times 2 \div 2 = 11$　　　答え　11 cm²
　　④式 $2 \times 4 = 8$　　　　　　　答え　8 cm²

**3** ①式 $(10+7) \times 6 \div 2 = 51$　答え　51 cm²
　　②式 $8 \times 16 \div 2 = 64$　　　答え　64 cm²

**4** ①式 $4 \times 2.5 \div 2 = 5$
　　　　$4 \times 1.5 \div 2 = 3$
　　　　$5 + 3 = 8$　　　　　　　答え　8 cm²
　　②式 $8 \times 5 \div 2 = 20$
　　　　$10 \times 4 \div 2 = 20$
　　　　$9 \times 8 \div 2 = 36$
　　　　$20 + 20 + 36 = 76$　　答え　76 cm²

**23** 面積の公式を使えるようにしておきましょう。

**4** ②3つの三角形に分けて考えます。
どこを底辺とすればよいかを考えましょう。

**5** ①3.5 cm² ②比例する。

**6** ①15 cm² ②36 cm²

---

**5** 高さと面積の関係を表にまとめると、下のようになります。

| 高さ(cm) | 1 | 2 | 3 | 4 | |
|---|---|---|---|---|---|
| 面積(cm²) | 3.5 | 7 | 10.5 | 14 | |

**6** ①10×(3＋4)÷2＝35
　　10×4÷2＝20
　　35－20＝15　　　　　　　　15 cm²

②

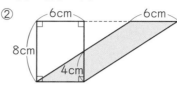

上の図の色をつけた部分は、底辺6cm、高さ
8cm の平行四辺形になります。
この平行四辺形の面積から、底辺6cm、高さ
4cm の直角三角形の面積をひきます。
6×8＝48
6×4÷2＝12
48－12＝36　　　　　　　　36 cm²

---

# ⑪ 平均とその利用

**ぴったり1 準備　76ページ**

**1** ①110　②106　③108　④120　⑤444　⑥444　⑦111　⑧111

**2** (1)①322　②322　③80.5　④80.5
　(2)①80.5　②80.5　③18　④1449　⑤1449

---

**ぴったり2 練習　77ページ**　　　　　　　　　　　　　　てびき

**1** 式　(60＋58＋62＋60＋65)÷5＝61
　　　　　　　　　　　　答え　61 g

**2** ①式　(4＋3＋5＋0＋2＋4)÷6＝3
　　　　　　　　　　答え　3 時間
　②式　3×20＝60　　　　答え　60 時間

**3** ①A…160わ、B…182わ
　②式　160＋182＝342
　　　　16＋14＝30
　　　　342÷30＝11.4　　　答え　11.4わ

**4** 式　(6.15＋6.21＋6.13＋6.24＋6.22)÷5
　　　＝6.19
　　　6.19÷10＝0.619 → 0.62
　　　　　　　　　答え　約0.62 m

**2** ①平均＝合計÷個数(日数)　にあてはめます。
　　0時間だった木曜日も日数に入れます。
　②合計＝平均×個数(日数)　にあてはめます。

**3** ①A、Bそれぞれについて、
　　合計＝平均×個数(人数)　にあてはめます。
　②クラス全体の折りづるの数の合計と、人数の合計
　　を求め、平均＝合計÷個数(人数)　にあてはめ
　　ます。

**4** まず、10歩のきょりの平均を求めます。
　これを10でわったものが、歩はばになります。
　上から3けた目を四捨五入します。

---

**ぴったり3 確かめのテスト　78～79ページ**　　　　　てびき

**1** 式　(98＋102＋95＋110＋100＋99＋96)
　　　÷7＝100　　　　　答え　100 g

❷ 式　(2+3+0+1+3)÷5＝1.8
　　　　　　　　　　　答え　1.8人

❸ ①式　(36+40+32+25+47)÷5＝36
　　　　　　　　　　　答え　36人
　②式　36×22＝792　　答え　792人
❹ ①式　(210+208+195+212+200+205)
　　　　　÷6＝205　　　答え　205g
　②式　205×40＝8200
　　　　8200g＝8.2kg　答え　8.2kg
❺ 式　90×24+85×26＝4370
　　　24+26＝50
　　　4370÷50＝87.4　　答え　87.4点
❻ ①式　(6.36+6.28+6.26+6.31+6.29)
　　　　　÷5＝6.3
　　　　6.3÷10＝0.63　　答え　0.63m
　②式　0.63×800＝504 → 500
　　　　　　　　　　　答え　約500m

❷ 欠席した人数が0人の日も日数に入れて、欠席した人数の合計を5でわります。
　人数のように、小数では表せないものでも、平均は小数で表すことがあります。

❸ ①平均＝合計÷個数　にあてはめます。
　②合計＝平均×個数　にあてはめます。

❹ ②|合計|＝|平均|×|個数|で求めます。
　　単位をgからkgになおすことに注意します。

❺ |1組と2組全体の点数の合計|÷|人数の合計|
　で求めます。

❻ ②|歩はば|×|歩数|で求めます。
　　上から3けた目を四捨五入します。

⌂ おうちのかたへ　実際に自分の歩幅を調べて、身近なところの道のりを歩幅を使ってはかってみるとおもしろいでしょう。

# ⑫ 単位量あたりの大きさ

## ぴったり1 準備　80ページ

❶ ①8　②0.533……　③0.53　④10　⑤0.555……　⑥0.56　⑦B室
　⑧15　⑨1.875　⑩1.875　⑪18　⑫1.8　⑬1.8　⑭B室
❷ ①23800　②881.4……　③881　④56400　⑤972.4……　⑥972　⑦B市

## ぴったり2 練習　81ページ　てびき

❶ Aの機械

❷ 2個で320円のりんご

❸ B市

❹ Aの自動車

❺ ゆうまさんの家の畑が0.1kg多い。

❶ 1分あたりにつくれるおかしの数でくらべると、
　Aの機械　200÷5＝40　　40個
　Bの機械　420÷12＝35　　35個
❷ 1個あたりのねだんは、次のようになります。
　2個で320円のりんご
　　320÷2＝160　　160円
　3個で450円のりんご
　　450÷3＝150　　150円
❸ それぞれの市の人口密度は、次のようになります。
　A市　556320÷152＝3660　　3660人
　B市　355680÷96＝3705　　3705人
❹ ガソリン1Lあたりで走れるきょりでくらべると、
　Aの自動車　480÷40＝12　　12km
　Bの自動車　540÷60＝9　　9km
❺ 1m²あたりにとれる量でくらべると、
　ゆうまさん　105÷70＝1.5　　1.5kg
　かずきさん　126÷90＝1.4　　1.4kg
　1.5−1.4＝0.1より、1m²あたりのとれた量は、
　ゆうまさんの家の畑が0.1kg多いです。

**1** ①式 大 $12÷15＝0.8$
　　　　小 $7÷10＝0.7$
　　　　　答え 大…0.8 ひき、小…0.7 ひき
　②式 大 $15÷12＝1.25 → 1.3$
　　　　小 $10÷7＝1.42…… → 1.4$
　　　　　答え 大…約 1.3 L、小…約 1.4 L
　③大の水そう

**2** 式 A $960÷8＝120$
　　　B $1100÷10＝110$　　答え Aの列車

**3** 式 A $32÷5＝6.4$
　　　B $50÷8＝6.25$　　答え Aの花だん

**4** ①式 A町 $8616÷80＝107.7 → 108$
　　　　B町 $6356÷56＝113.5 → 114$
　　　　答え A町…約 108 人、B町…約 114 人
　②B町

**5** ①式 A $275÷25＝11$
　　　　B $450÷36＝12.5$
　　　　　　答え Bの自動車
　②式 A $11×60＝660$
　　　　B $12.5×60＝750$
　　　　$750－660＝90$　　答え 90 km
　③式 A $1100÷11＝100$
　　　　B $1100÷12.5＝88$
　　　　$100－88＝12$　　答え 12 L

**1** ①では、水 1 L あたりの金魚の数が多いほう、
②では、金魚 1 ぴきあたりの水の量が少ないほうが
こんでいるといえます。

**2** 1 両あたりの人数でくらべると、人数が多いほうが
こんでいるといえます。

**3** 球根 1 個あたりの面積でくらべると、
A $5÷32＝0.156……$
B $8÷50＝0.16$
1 個あたりの面積が少ないほうがこんでいるので、
Aの花だんになります。

**4** ① 人口密度 ＝ 人口(人) ÷ 面積(km²)
にあてはめます。

**5** ② 1 L あたりで走れるきょり ×60 を計算し、
ちがいを求めます。
③ $1100÷$ 1 L あたりで走れるきょり を計算し、
ちがいを求めます。

┌─────────────────────────┐
│ 🎯しあげの5分レッスン　求めやすいほうの単位量を │
│ 使ってくらべられるようにしよう。　　　　　　　 │
└─────────────────────────┘

┌─────────────────────────┐
│ 🏠おうちのかたへ　1 個あたりの値段を求めて、ど │
│ ちらがお得か考えることは、実生活でもよくありますね。│
│ 一緒に考えてみるのもよいでしょう。　　　　　　 │
└─────────────────────────┘

##  見方・考え方を深めよう(2)

**1** ①⑦1100 ④800
　②式 $(1100－800)÷2＝150$
　　　　　　　　答え 150 円
　③式 $800－150×4＝200$　答え 200 円

**2** 式 $640－520＝120$
　　　$(520－120)÷5＝80$
　　　　（または、$(640－120×2)÷5＝80$）
　　　　答え 大のシール 1 まい…120 円
　　　　　　小のシール 1 まい… 80 円

**3** ①⑦子ども ④40
　②式 $40÷4＝10$　　答え 10 人
　③式 $10×3＝30$　　答え 30 人

**1** ②1100 円から、かご代とおかし 4 個の代金をさ
しひくと、おかし 2 個の代金が残ります。
つまり、$1100－800＝300$（円）がおかし 2 個
の代金になります。だから、300 を 2 でわると、
おかし 1 個のねだんになります。
③かご代は、
$1100－150×6＝200$（円）でも求められます。

**2** 同じものどうしをさしひくと、大のシール 1 まいの
ねだんが残ります。

**3** ②子どもの数をおとなの数におきかえて考えます。
子どもの数はおとなの数の 3 倍だから、おとなの
数の 4 倍が 40 人になります。

**4** (例)

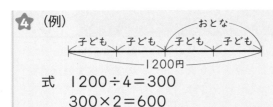

式　1200÷4＝300
　　300×2＝600

　　　　答え　子ども1人分…300円
　　　　　　　おとな1人分…600円

**4** おとなの料金を子どもの料金におきかえて考えます。
おとな1人分の料金は、子ども1人分の料金の2倍だから、子ども2人分の料金と同じです。
よって、子ども4人分の料金が1200円になります。

**5** (例)

式　2000÷5＝400
　　400×4＝1600

　　　　答え　　　　妹…400円
　　　　　だいきさん…1600円

**5** だいきさんの持っているおかねを、妹の持っているおかねにおきかえて考えます。
だいきさんの持っているおかねは妹の4倍だから、妹の持っているおかねの5倍が2000円になります。

# ⑬ 割　合(2)

## ぴったり1　準備　　86ページ

**1** ①120　②1.2　③1.2　④82　⑤0.82　⑥0.82
**2** (1)1.4、70、70
　　(2)0.7、40、40

## ぴったり2　練習　　87ページ　　　　　　　てびき

**1** ①式　20÷50＝0.4　　　答え　0.4倍
　　②式　30÷20＝1.5　　　答え　1.5倍

**2** 式　36÷40＝0.9　　　　　　答え　0.9

**3** 式　800×0.65＝520　　　答え　520円

**4** 式　27÷1.5＝18　　　　　　答え　18個

**1** 割合＝くらべる量÷もとにする量で求めます。
①子ども会全体の人数がもとにする量、6年生の人数がくらべる量です。
②6年生の人数がもとにする量、5年生の人数がくらべる量です。

**2**
| まいた個数 | □倍→ | 芽が出た個数 |
|---|---|---|
| 40個 | | 36個 |

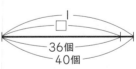

**3** くらべる量＝もとにする量×割合で求めます。

| さくらさん | 0.65倍→ | 妹 |
|---|---|---|
| 800円 | | □円 |

**4** もとにする量＝くらべる量÷割合で求めます。

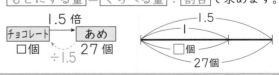

| チョコレート | 1.5倍→ | あめ |
|---|---|---|
| □個 | ÷1.5 | 27個 |

## ぴったり1　準備　　88ページ

**1** (1)26
　　(2)0.52
　　(3)0.6、0.003、0.603
**2** ①2100　②0.7　③3000　④3000
**3** ①0.15　②0.15　③69　④69

① ①0.2 ②2割 ③45% ④4割5分
⑤0.6 ⑥60% ⑦0.08 ⑧8分
⑨52.6% ⑩5割2分6厘

② 式 1500×0.9=1350　　答え 1350円

③ きゅうり 80÷50=1.6
トマト 150÷120=1.25
　　　　　　　　答え きゅうり

④ 式 900×(1−0.3)=630　　答え 630円

⑤ 式 20000÷(1−0.2)=25000
　　　　　　　　　答え 25000円

① 
| 割合を表す小数 | 1 | 0.1 | 0.01 | 0.001 |
| --- | --- | --- | --- | --- |
| 百分率 | 100% | 10% | 1% | 0.1% |
| 歩合 | 10割 | 1割 | 1分 | 1厘 |

② 1500円がもとにする量です。
百分率は、割合を表す小数になおしてから計算します。　　90%=0.9
もとにする量×割合で求めます。

③ きゅうりは、80÷50=1.6
トマトは、150÷120=1.25なので
きゅうりのほうがねだんの上がり方が大きくなります。

④ もとのねだん900円を1とします。
数量の関係を図に表すと、30%=0.3なので、
次のようになります。

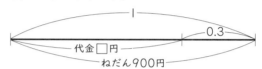

1−0.3=0.7より、代金は、もとのねだんの0.7倍にあたります。
また、ね引き分をさきに求めて、もとのねだんからひくという考え方もできます。
ね引き分は、もとのねだんの0.3倍だから、
900×0.3=270(円)　　900−270=630(円)

⑤ もとのねだんを1とします。
数量の関係を図に表すと、20%=0.2なので、
次のようになります。

1−0.2=0.8より、代金は、もとのねだんの0.8倍にあたります。
くらべる量÷割合で、代金をくらべる量として求めます。

① ①79% ②140% ③0.02 ④0.453
② ①65 ②38 ③4

③ ①式 180÷150=1.2　　　答え 1.2倍
②式 180×0.75=135　　答え 135人
③式 180÷0.3=600　　　答え 600人
④ 式 30÷250=0.12　　　答え 12%
⑤ ①式 600×(1−0.25)=450 答え 450円
②式 1500÷(1−0.25)=2000
　　　　　　　　　答え 2000円

② ①325÷500=0.65　　0.65=65%
②95×0.4=38
③2.4÷0.6=4
③ ①割合=くらべる量÷もとにする量
②くらべる量=もとにする量×割合
③もとにする量=くらべる量÷割合
⑤ ①600×0.25=150
600−150=450 としてもよいです。

**⑥** 式　バナナ　300÷200＝1.5
　　　りんご　350÷250＝1.4　　答え　バナナ

**⑦** ①式　2000×(1−0.2)＝1600
　　　　　　　　　　答え　1600円
　　②式　1600×(1−0.15)＝1360
　　　　　　　　　　答え　1360円

**⑥** もとにする量がちがうときは、割合(わりあい)を使ってくらべるとよいです。

**⑦** ①2000×0.2＝400
　　　2000−400＝1600　としてもよいです。
　②もとのねだんの(0.8×0.85)倍と考えて、
　　　2000×(0.8×0.85)＝1360　としてもよいです。
　　また、さらにね引きする分を考えて、
　　　1600×0.15＝240
　　　1600−240＝1360　としてもよいです。

---

**💛しあげの5分レッスン**　割合、くらべる量、もとにする量の求め方を確(かく)にんしておこう。

#  学びをいかそう

**人文字**　**92〜93**ページ　　　　　　　　　　**てびき**

**1** ①⑦6　①8　⑦8
　②9人
　③式　(8+6+8+6+8)+1＝37
　　　　　　　　　　答え　37人

**2** 式　8+12+8+12＝40　　答え　40人

**3** 式　8+12+8+6+8＝42　　答え　42人

**4** 式　2+8+3+2+5+10＝30　答え　30個(こ)

**1** ③あから⑰までの長さをたすと36mですが、②から、ならぶ人数は、間の数より1多いことがわかります。

**2** 1本の直線に変えて考えます。0のように、囲(かこ)まれた文字を1本の直線に変えるときは、開いたところ(下の図の○の部分)には人がいないものと考えるので、ならぶ人数と間の数は同じになります。

**3** 6の文字の囲まれているところを開いて1本の直線に変えるときも、重なっているところは人がいないものと考えます。

**4** 花だんのまわりも、0のような囲まれた文字と同じように考えることができるので、植木ばちの数は間の数と同じになります。

# **活用** 学びをいかそう

**見積もりを使って**　**94〜95**ページ　　　　　　**てびき**

**1** ①185、150、買えない
　②275、280、買える

**2** (例)　9月は500まいより25まい多い。
　　　10月は500まいより22まい少ない。
　　　さしひいて見積もると、1000まいをこえている。

**3** (例)　5年生は1000まいより31まい少ない。
　　　6年生は1000まいより29まい多い。
　　　さしひいて見積もると、2000まいをこえていない。

**1** 1000円より高い部分と安い部分をさしひいて考えます。
　「高い部分」＞「安い部分」なら買えません。
　「高い部分」＜「安い部分」なら買えます。

**2** 9月と10月がそれぞれ500まいより何まい多いか少ないかと、1000まいをこえているかこえていないかがかいてあれば正解です。

**3** 5年生と6年生がそれぞれ1000まいより何まい多いか少ないかと、2000まいをこえているかこえていないかがかいてあれば正解です。

**4** ①2400、3900、高く、買える
　②2300、3800、安く、買えない

**4** ①切り上げて 2400 円と 3900 円なので、代金の
　合計は 6300 円より安くなります。
　②切り捨てて 2300 円と 3800 円なので、代金の
　合計は 6100 円より高くなります。

## ⑭ 円と正多角形

### ぴったり1 準備　96ページ

**1** (1)3、正三角形
　(2)7、正七角形
**2** (1)①4　②4　③90　④90
　(2)①8　②8　③45　④45

### ぴったり2 練習　97ページ　　てびき

**1** ①正四角形(正方形)　②正八角形
**2** ①60°　②120°　③正三角形　④4 cm

**3** ①(例)

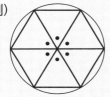

　②(例)

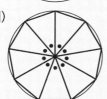

**1** 頂点の数がいくつあるかを数えます。
**2** ①360°÷6=60°
　②①から、(180°-60°)÷2=60° だから、正六
　　角形の中の6つの三角形はすべて正三角形になり
　　ます。
　　㋑の角は、60°×2=120° になります。
　④③から、ＡＢの長さは、この円の半径と等しくな
　　ります。
**3** ①360°÷6=60°
　　円の中心のまわりを 60° ずつに等分し、そのは
　　しの点を直線でつないでいきます。
　②360°÷9=40°
　　円の中心のまわりを 40° ずつに等分します。

### ぴったり1 準備　98ページ

**1** (1)5、15.7、15.7
　(2)31.4、10、10
**2** ①6.28　②6.28　③9.42　④9.42　⑤12.56　⑥12.56　⑦2　⑧3　⑨4　⑩比例

### ぴったり2 練習　99ページ　　てびき

**1** ①式　6×3.14=18.84　　答え　18.84 cm
　②式　14×3.14=43.96　　答え　43.96 m
　③式　4×2×3.14=25.12
　　　　　　　　　　　　　答え　25.12 cm
　④式　7.5×2×3.14=47.1　答え　47.1 cm
　⑤式　62.8÷3.14=20　　　答え　20 cm
　⑥式　942÷3.14=300　　　答え　300 m
　⑦式　157÷3.14÷2=25　　答え　25 cm
　⑧式　12.56÷3.14÷2=2　　答え　2 cm

**1** 円周＝直径×3.14
　直径＝円周÷3.14
　③④半径×2　で直径が求められます。
　⑦157÷3.14　で直径が求められます。
　　半径＝直径÷2
　⑧12.56÷3.14　で直径が求められます。

**②** 式　240÷3.14＝76.4……→76

　　　　　　　　　答え　約76m

**③** 式　65÷50＝1.3　　　　　答え　1.3倍

**②** 上から3けた目を四捨五入します。

**③** タイヤが1回転すると、円周の分だけ進みます。
また、円周は直径に比例するので、大きいタイヤの
直径が小さいタイヤの直径の何倍かを調べます。

**しあげの5分レッスン** 円周、直径、円周率の関係を確にんしておこう。

---

**ぴったり3 確かめのテスト**　　**100〜101**ページ　　**てびき**

**①** ①円周率　②直径　③円周

**②** ①正五角形

　②式　360°÷5＝72°　　　　　答え　72°

　③式　(180°−72°)÷2＝54°

　　　　54°×2＝108°　　　　　答え　108°

**③** ①(例)

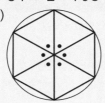

　②(例)

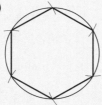

**④** ①式　9×3.14＝28.26　　答え　28.26m

　②式　5.5×2×3.14＝34.54

　　　　　　　　　答え　34.54cm

　③式　188.4÷3.14＝60　　答え　60cm

**⑤** 式　40×3.14＝125.6

　　　50×2＝100

　　　125.6＋100＝225.6　　答え　225.6m

**⑥** ①式　6×6＝36　　　　　答え　36cm

　②式　6×2×3.14＝37.68

　　　　37.68−36＝1.68　　答え　1.68cm

**⑦** 式　65×3.14＝204.1

　　　55×3.14＝172.7

　　　204.1−172.7＝31.4　答え　31.4cm

**②** ③五角形の5つの角の大きさの和は、

　　180°×3＝540°

　正五角形の5つの角の大きさはすべて等しいので、

　540°÷5＝108°　としても求められます。

**③** ①360°÷6＝60°

　円の中心のまわりを60°ずつに等分します。

**④** ①円周＝直径×3.14

　②半径×2　で直径が求められます。

　③直径＝円周÷3.14

**⑤** 半円の部分をあわせると、直径40mの円になり
ます。

だから、トラックのまわりの長さは、

直径40mの円の円周と、直線部分(50×2)mを
あわせた長さになります。

**⑥** ①正六角形の1つの辺の長さは、円の半径と等しく
なっています。

　②円周＝半径×2×3.14

**⑦** 車輪が1回転すると、円周の長さだけ進みます。

**しあげの5分レッスン** まちがえた問題をもう1回やってみよう。

# ⑮ 割合のグラフ

**1** ①17 ②8 ③6

**2**

1か月の支出の割合

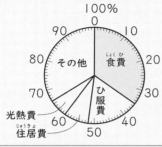

**おうちのかたへ** 百分率と同様に、帯グラフ、円グラフも目にする機会が多いものです。グラフからいろいろなことが読み取れるようにしておきたいですね。

**1** ①45％
②12％
③2倍
④右の図

食品の重さの割合

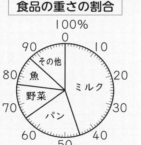

**2** 割合…(左から) 41、28、15、11、5

町別の児童数の割合

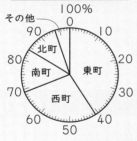

町別の児童数の割合

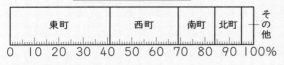

**1** ②帯グラフの 65％ から 77％ までが野菜の重さの割合なので、
77−65＝12（％）
③パンの重さの割合は、65−45＝20（％）
魚の重さの割合は、87−77＝10（％）
よって、20÷10＝2　　　　　　　　　2倍

**2** それぞれの町の人数を、合計でわって割合を求めます。
東町…335÷820＝0.408……→41％
帯グラフ、円グラフは、それぞれ次の目もりで区切ります。
東町…41％ の目もり
西町…41＋28＝69　　69％ の目もり
南町…69＋15＝84　　84％ の目もり
北町…84＋11＝95　　95％ の目もり
（その他…95＋5＝100　　100％ の目もり）

**しあげの5分レッスン** 帯グラフ、円グラフのかき方をおさえておこう。

**1** ①23％
②17％
③式　30×0.23＝6.9　　　答え　6.9 km²
④式　35÷17＝2.05……→2.1
　　　　　　　　　　　　答え　約2.1倍

**1** ③くらべる量＝もとにする量×割合　を使います。
④それぞれの割合(%)を使って、何倍になっているかを求めます。

**②** 割合…(左から)45、20、15、8、12

**欠席の理由と人数の割合**

| | | | けが | その他 |
|---|---|---|---|---|
| かぜ | 頭つう | はらいた | | |

0　10　20　30　40　50　60　70　80　90　100%

**③** ①正しくない
②正しい
③正しい
④この資料からはわからない

**②** それぞれの人数を合計でわって割合を求めます。
かぜ…90÷200＝0.45 → 45 ％
頭つう…40÷200＝0.2 → 20 ％
はらいた…30÷200＝0.15 → 15 ％
けが…16÷200＝0.08 → 8 ％

**③** ①◎の作付面積のグラフからよみとります。
ねぎの上位3県の面積の割合をあわせると、
10＋10＋9＝29（％）になるので、
正しくありません。
②あのしゅうかく量の表からよみとります。
レタスのしゅうかく量が4番目に多いのは、長崎
県になるので、正しいです。
③あの表から、キャベツのしゅうかく量の上位3県
のしゅうかく量をあわせると、
26＋26＋12＝64（万 t）
上位3県の割合は、
64÷143＝0.447…　より約 45 ％ です。
◎のグラフから、キャベツの作付面積の上位3県
の割合をあわせると、
16＋12＋8＝36（％）です。よって、キャベツ
のしゅうかく量の上位3県の割合のほうが多いの
で、正しいです。
④長野県のはくさいのしゅうかく量の資料がないの
で、この資料からはわかりません。

# ⑯ 角柱と円柱

**ぴったり1 準備　106ページ**

**1** あ、え（え、あでもよい。）、う
**2** ①四角形　②円　③3　④6　⑤8
⑥9　⑦12

**ぴったり2 練習　107ページ**　てびき

**1** ①底面　②頂点　③辺　④側面　⑤底面
⑥側面
**2** ①あ三角柱　い円柱　う四角柱　え円柱
お五角柱
②い、え
③垂直
**3** ①三角形　②三角柱　③う

**1** ①、⑤と向かいあう面も底面です。
角柱、円柱には2つの底面があります。
**2** ①立体の名前は、底面の形できまります。
おの底面は五角形の面であることに注意しましょ
う。

**3** 角柱の2つの底面は合同で、
平行になっていることから、
底面は三角形ＡＢＣと三角形
ＤＥＦです。
問題の図は、右の図のような
立体を、たおしたものです。

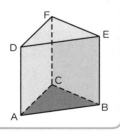

1　5、9
2　5、4、12.56

1　①
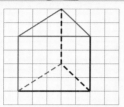

　②
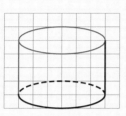

2
1cm
1cm
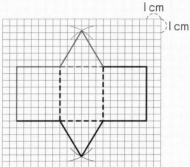

3
1cm
1cm

1　見えない部分は点線でかきます。
　辺の平行や垂直の関係を使ってかきます。

2　側面の長方形の横の長さは、底面のまわりの長さと等しいので、3＋3＋3＝9より9cmです。たての長さは三角柱の高さと等しくなるので、4cmです。

⏱しあげの5分レッスン　身のまわりの角柱や円柱の形をしたものの見取図をかいてみよう。

🏠おうちのかたへ　身のまわりのものから角柱や円柱の形をしたものをさがして、底面、側面、高さについてしっかりおさえておきましょう。この内容は、6年生の角柱や円柱の体積の学習につながっていきます。

1　①三角柱　②四角柱（直方体）　③円柱
2　①六角柱　②六角形　③2つ　④6つ　⑤1つ
　⑥6つ
3　①円柱　②円　③2つ　④曲面　⑤垂直、高さ

1　①②角柱の名前は、底面の形できまります。
2　④側面の数は、底面の辺の数と同じです。
　⑥側面は、底面に垂直になっています。

④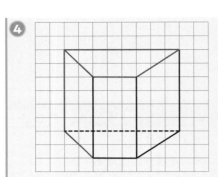

④ 見取図をかくとき、見えない辺は点線でかきます。

⑤ ①(例)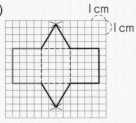

⑤ ①側面の部分の長方形は、たては 2.5 cm、
　横は 2×3＝6（cm）になります。

　1 cm

②(例)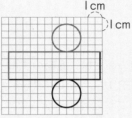

②側面の部分の長方形は、たては 2 cm、
　横は 1×2×3.14＝6.28（cm）になります。

　1 cm

⑥ ①三角柱
　②五角柱

⑥ 角柱の名前は、底面の形できまります。

**しあげの5分レッスン** 角柱と円柱の性質を確にんしておこう。

# ⑰ 速 さ

**ぴったり1 準備** 112ページ

1 (1)48、6、6
　(2)900、180、180
　(3)300、75、75
2 (1)①3　②12　③12
　(2)①25　②20　③20
　(3)①25　②12　③300　④300

**ぴったり2 練習** 113ページ　　　　　　てびき

1 ①式　1500÷20＝75　　　答え　75 m
　②はやとさん
2 ①式　420÷6＝70　　　答え　時速 70 km
　②式　3400÷40＝85　　答え　分速 85 m
　③式　2000÷8＝250　　答え　秒速 250 m
3 ①式　38×2＝76　　　答え　76 km
　②式　15×40＝600　　答え　600 m
　③式　1.5×18＝27　　答え　27 km

1 ②はやとさんが 1分間あたりに進む道のりは、
　　2000÷25＝80（m）
2 速さ＝道のり÷時間　で求めます。

3 道のり＝速さ×時間　で求めます。

1 (1)①8 ②4 ③4
  (2)①4800 ②300 ③16 ④16
2 (1)①60 ②27000 ③27
  (2)①252000 ②252000 ③70 ④70

てびき

1 ①式 450÷9=50　　　　　　答え 50秒
  ②式 1400÷200=7　　　　　答え 7分
  ③式 180÷60=3　　　　　　答え 3時間
2 ①式 2km=2000m
　　　　2000÷50=40　　　　　答え 40秒
  ②式 50×3600=180000
　　　　180000m=180km
　　　　　　　　　　答え 時速180km
3

| 乗り物＼速さ | 秒速 | 分速 | 時速 |
|---|---|---|---|
| バイク | 8 m | 480 m | 28.8 km |
| 電車 | 25 m | 1500 m | 90 km |
| 飛行機 | 240 m | 14400 m | 864 km |

1 時間＝道のり÷速さ で求めます。

2 ①単位を m にそろえます。
  ②1時間は、60×60=3600（秒）です。
　まず、1時間に進む道のりを m の単位で求め、
　これを km の単位になおします。

3 単位が m か km かに注意します。
　バイク　秒速…480÷60=8（m）
　　　　　時速…480×60÷1000=28.8（km）
　電車　分速…90×1000÷60=1500（m）
　　　　　秒速…1500÷60=25（m）
　飛行機　分速…240×60=14400（m）
　　　　　時速…14400×60÷1000=864（km）

🕐 しあげの5分レッスン 速さ、道のり、時間の求め方を確にんしておこう。

てびき

1 ①道のり
  ②速さ
  ③時間
2 ①式 1300÷20=65　　　　答え 分速65m
  ②式 3.6km=3600m
　　　　3600÷240=15　　　　答え 15分
  ③式 25×16=400　　　　　答え 400m
  ④式 910÷3.5=260　　　答え 時速260km
3

| 乗り物＼速さ | 秒速 | 分速 | 時速 |
|---|---|---|---|
| ロープウェイ | 4.5 m | 270 m | 16.2 km |
| 高速バス | 20 m | 1.2 km | 72 km |
| ヘリコプター | 75 m | 4.5 km | 270 km |

4 式 340×4=1360　　　　　答え 1360m

5 ①式 45×5.4=243　　　　答え 243km
  ②式 2時間30分=2.5時間
　　　　200÷2.5=80　　　答え 時速80km

2 ①④速さ＝道のり÷時間
  ②単位を m にそろえます。
　　時間＝道のり÷速さ
  ③道のり＝速さ×時間

3 単位が m か km かに注意します。
　1分=60秒、1時間=60分 の関係を使います。

4 光はとても速く進むので、花火が見えたときに
　音が出たと考え計算します。

5 ②30分は、$\frac{30}{60}$=0.5 より、0.5時間です。

**⑥** 式 （400＋80）÷15＝32　　　答え　32秒

**⑦** ①456 m
　　②96 m

**⑥** 電車の通過についての問題です。

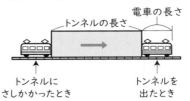

電車がトンネルを完全に通過するまでに進む道のりは、トンネルにさしかかったときの電車の先頭から、全体がトンネルを出たときの電車の先頭までの道のりです。つまり、（トンネルの長さ）＋（電車の長さ）になります。

**⑦** ①24×19＝456　　　　　　　　　　456 m
　　②・トンネルを完全に通過するまで

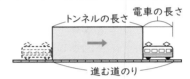

（進む道のり）＝（トンネルの長さ）＋（電車の長さ）
　　　　　　　＝456（m）　（①より）

　　・トンネルの中に完全にかくれている間

（進む道のり）＝（トンネルの長さ）－（電車の長さ）
　　　　　　　＝24×11＝264（m）

よって、456－264＝192（m）は、電車の長さの2つ分を表しているので、電車の長さは、
192÷2＝96　　　　　　　　　　　　　96 m

# ⑱ 変わり方

**ぴったり１ 準備　118ページ**

**１** (1)5　(2)①7　②8　③9　④10　⑤1
**２** (1)3　(2)①6　②9　③12　④15　⑤2　⑥3

**ぴったり２ 練習　119ページ**

**てびき**

**❶** ①18－○＝△

②
| ○（まい） | 1 | 2 | 3 | 4 | 5 |
|---|---|---|---|---|---|
| △（まい） | 17 | 16 | 15 | 14 | 13 |

③比例しない。

**❷** ①70×○＝△

②
| ○（時間） | 1 | 2 | 3 | 4 | 5 |
|---|---|---|---|---|---|
| △（km） | 70 | 140 | 210 | 280 | 350 |

③比例する。

**❶** 18－ 使う数 ＝ 残りの数 　になります。

**おうちのかたへ** いきなり○や△を使って式に表そうとすると間違えやすいので、上のようなことばの式を書いてから考えるようにアドバイスするとよいでしょう。

**❷** 速さ × 時間 ＝ 道のり 　になります。
③○が2倍、3倍、……になると、△も2倍、3倍、……になるので、△は○に比例します。

③ ①$60×○+120=△$
②
| ○(個) | 1 | 2 | 3 | 4 | 5 |
|---|---|---|---|---|---|
| △(円) | 180 | 240 | 300 | 360 | 420 |

③比例しない。

●しあげの5分レッスン まちがえた問題をもう1回やってみよう。

ぴったり3 **確かめのテスト** 120～121ページ てびき

① ⓘ

② ①$○+32=△$
②
| ○(才) | 10 | 11 | 12 | 13 | 14 |
|---|---|---|---|---|---|
| △(才) | 42 | 43 | 44 | 45 | 46 |

③52才

③ ①$○×4=△$
②
| ○(cm) | 1 | 2 | 3 | 4 | 5 |
|---|---|---|---|---|---|
| △(cm) | 4 | 8 | 12 | 16 | 20 |

③比例する。

④ ①$90×○=△$
②
| ○(本) | 1 | 2 | 3 | 4 | 5 |
|---|---|---|---|---|---|
| △(円) | 90 | 180 | 270 | 360 | 450 |

③$90×○+100=△$
④
| ○(本) | 1 | 2 | 3 | 4 | 5 |
|---|---|---|---|---|---|
| △(円) | 190 | 280 | 370 | 460 | 550 |

⑤えん筆だけを買うとき

⑤ ①$20×○=△$
②
| ○(秒) | 1 | 2 | 3 | 4 | 5 |
|---|---|---|---|---|---|
| △(m) | 20 | 40 | 60 | 80 | 100 |

③200 m
④30 秒

はってん

1 ①180
②$180×(○-2)=△$

③ みかん1個のねだん × みかんの個数
　　　　　　＋ りんご1個のねだん ＝ 代金
になります。

① ○が2倍、3倍、……になると、△も2倍、3倍、……になるとき、△は○に比例するといえます。

② つばささんの年れい ＋32＝ お父さんの年れい
になります。
③$20+32=52$

③ 1辺の長さ ×4＝ まわりの長さ
になります。
③○が2倍、3倍、……になると、△も2倍、3倍、……になるので、△は○に比例します。

④ ① えん筆1本のねだん × 本数 ＝ 代金
になります。

③ えん筆1本のねだん × 本数
　　　　＋ 消しゴム1個のねだん ＝ 代金
になります。

⑤消しゴムも買うときは、○が2倍、3倍、……になっても、△は2倍、3倍、……にならないので、△は○に比例しません。

⑤ 速さ × 時間 ＝ 道のり になります。
③$20×10=200$
④$600÷20=30$

●しあげの5分レッスン ○が1増えたときの△の変わり方や、△が○に比例するかどうかがよみとれるようにしよう。

1 ①○が1増えると、△は180増えます。

**いつ会える？** 122〜123 ページ　　　　　　　てびき

**1** ①

| 歩いた時間 （分） | 1 | 2 | 3 | 4 | 5 |
|---|---|---|---|---|---|
| あいりさんの歩いた道のり(m) | 70 | 140 | 210 | 280 | 350 |
| れんとさんの歩いた道のり(m) | 90 | 180 | 270 | 360 | 450 |
| 2人あわせた道のり(m) | 160 | 320 | 480 | 640 | 800 |

答え　160 m

②5分後

**2**

| 歩いた時間 （分） | 1 | 2 | 3 | | 9 |
|---|---|---|---|---|---|
| あいりさんの歩いた道のり(m) | 70 | 140 | 210 | | 630 |
| お兄さんの歩いた道のり(m) | 80 | 160 | 240 | | 720 |
| 2人あわせた道のり(m) | 150 | 300 | 450 | | 1350 |

150　150　増える

答え　9分後

**3** ①980 m

②

| お兄さんの走った時間 （分） | 0 | 1 | 2 | 3 | | 7 |
|---|---|---|---|---|---|---|
| あいりさんの進んだ道のり (m) | 980 | 1050 | 1120 | 1190 | | 1470 |
| お兄さんの進んだ道のり (m) | 0 | 210 | 420 | 630 | | 1470 |
| 2人の間の道のり(m) | 980 | 840 | 700 | 560 | | 0 |

140　140　140　減る

答え　140 m

③7分後

**4**

| お姉さんの走った時間 （分） | 0 | 1 | 2 | 3 | | 6 |
|---|---|---|---|---|---|---|
| れんとさんの進んだ道のり (m) | 900 | 990 | 1080 | 1170 | | 1440 |
| お姉さんの進んだ道のり (m) | 0 | 240 | 480 | 720 | | 1440 |
| 2人の間の道のり(m) | 900 | 750 | 600 | 450 | | 0 |

150　150　150　減る

答え　6分後

**5** 10分後

**1** ②表をかくと、5分後に2人あわせた道のりが
800 mになって、出会うことがわかります。
出会いの問題では、式は、
$$\boxed{時間}=\boxed{はじめの道のり}÷\boxed{速さの和}$$
になります。
$$800÷(70+90)=5（分後）$$

**2** 出会いの問題です。次の式で求めます。
$$\boxed{時間}=\boxed{はじめの道のり}÷\boxed{速さの和}$$
$$1350÷(70+80)=9（分後）$$

**3** ①$70×14=980（m）$
③表をかくと、7分後に2人の間の道のりが0 m
になって、追いつくことがわかります。
追いつきの問題では、式は、
$$\boxed{時間}=\boxed{はじめの道のり}÷\boxed{速さの差}$$
になります。
$$980÷(210−70)=7（分後）$$

**4** 追いつきの問題です。次の式で求めます。
$$\boxed{時間}=\boxed{はじめの道のり}÷\boxed{速さの差}$$
$$90×10=900（m）…れんとさんとお姉さんの$$
間の道のり
$$900÷(240−90)=6（分後）$$

**5** 出会いの問題です。
表をつくると、

| れんとさんの歩いた時間 （分） | 0 | 1 | 2 | 3 | | 10 |
|---|---|---|---|---|---|---|
| あいりさんの歩いた道のり(m) | 140 | 210 | 280 | 350 | | 840 |
| れんとさんの歩いた道のり(m) | 0 | 90 | 180 | 270 | | 900 |
| 2人あわせた道のり(m) | 140 | 300 | 460 | 620 | | 1740 |

160　160　160　増える

れんとさんが出発したときの2人の間の道のりは、
$$1740−70×2=1600（m）$$
$$\boxed{時間}=1600÷\boxed{速さの和}　だから、$$
$$1600÷(70+90)=10（分後）$$

# 学びをいかそう

**1** ①108°
②72°
③5、6、72

**2** 5、6、144
**3** ①2、5、90、4、90
②2、4、50、4、130

**1** ①五角形の5つの角の大きさの和は、
180°×3＝540°
正五角形の5つの角の大きさはすべて等しいから、
540°÷5＝108°　　　　　　　108°
②180°－108°＝72°　　　　　　72°
③まっすぐに辺の長さだけ進み、左に⑥の角の大きさだけ回ります。

**2** 180°－36°＝144°より、左に144°回ります。
**3** ①A→BとC→Dでは5cm、B→CとD→Aでは4cm進みます。
左に回る角の大きさは、いつも90°です。
②頂点BとDでは左に50°、頂点CとAでは左に130°回ります。
まっすぐに進む長さは、いつも4cmです。

# もうすぐ6年生

**1** ①254　②0.254

**2** ①0.35　②4　③2.88　④32　⑤6.8

**3** ⑥、⑦
**4** ①30　②8

**5** ① $\dfrac{5}{8}$　② $\dfrac{19}{12}\left(1\dfrac{7}{12}\right)$

**6** ①0.2　② $\dfrac{41}{100}$

**7** ① $\dfrac{31}{24}\left(1\dfrac{7}{24}\right)$　② $\dfrac{1}{5}$

**8** 式　4÷0.3＝13余り0.1
答え　13人に分けられて、0.1L余る。

**9** ①21÷1.5（＝14）　②200×0.2（＝40）

**1** ①10倍すると、小数点は右に1けた移ります。
② $\dfrac{1}{100}$ にすると、小数点は左に2けた移ります。

**2** ③
```
    4.5
  ×0.64
  ─────
    180
   270
  ─────
  2.880
```
⑤
```
        6.8
 1.25)8.50
       750
     ─────
      1000
      1000
      ─────
         0
```

**5** ▲÷■＝$\dfrac{▲}{■}$

**6** ①1÷5＝0.2
②0.01＝ $\dfrac{1}{100}$ です。

**7** ① $\dfrac{5}{12}+\dfrac{7}{8}=\dfrac{10}{24}+\dfrac{21}{24}=\dfrac{31}{24}\left(1\dfrac{7}{24}\right)$

② $\dfrac{2}{3}-\dfrac{7}{15}=\dfrac{10}{15}-\dfrac{7}{15}=\dfrac{\overset{1}{3}}{\underset{5}{15}}=\dfrac{1}{5}$

**9** ①21mを1.5mずつに分けるから、
21÷1.5です。

**①** (例)

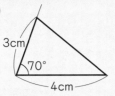

3cm　70°　4cm

**②** 式　360°−(90°+50°+90°)=130°

答え　130°

**③** ①式　10×7÷2=35　　　答え　35cm²

②式　8×4.5=36　　　答え　36cm²

**④** 式　1L=1000cm³

1000÷(10×20)=5　　　答え　5cm

**⑤** 式　(8.7+9.2+8.9+8.8+8.9)÷5=8.9

答え　8.9秒

**⑥** 式　600÷5=120

690÷6=115

答え　5個で600円のトマト

**⑦** ①170　②0.63　③300

**⑧** 式　2800÷(1−0.3)=4000

答え　4000円

**⑨** ①900　②40

**①** ⑦4cmの辺をかきます。

①⑦の1つのはしから、70°の角をかきます。

⑦①の直線で、頂点から3cmの点をとります。

①⑦の点と⑦のもう一方のはしを結びます。

**②** 四角形の4つの角の大きさの和は360°です。

**③** ①三角形の面積＝底辺×高さ÷2

②平行四辺形の面積＝底辺×高さ

**④** 1L=1000cm³だから、直方体のいれものに水を入れたときの深さを□cmとすると、

10×20×□=1000

□=1000÷(10×20)

**⑤** 平均＝合計÷個数

**⑦** ①6.8÷4=1.7　　　1.7=170%

②35%=0.35　　　1.8×0.35=0.63

③20%=0.2　　　60÷0.2=300

**⑧** 30%=0.3

もとのねだんを□円とすると、

□×(1−0.3)=2800

□=2800÷(1−0.3)

**⑨** ①150×6=900

②1km=1000m　　　1000÷25=40

**①** 14か所

**②** ①13本　②9個

**③** 式　(790−630)÷2=80　　　答え　80円

**①** 少ない場合から順に調べていきます。

| 画用紙の数(まい) | 1 | 2 | 3 | 4 | 5 | 6 | 7 | 8 |
|---|---|---|---|---|---|---|---|---|
| とめる数(か所) | 0 | 2 | 4 | 6 | 8 | 10 | 12 | 14 |

+2　+2　+2

**②** 少ない場合から順に調べていきます。

| ① 正三角形の数(個) | 1 | 2 | 3 | 4 | 5 | 6 |
|---|---|---|---|---|---|---|
| マッチぼうの数(本) | 3 | 5 | 7 | 9 | 11 | 13 |

②正三角形の数が1個増えると、マッチぼうの数は2本増えます。

**③** 図に表すと、次のようになります。

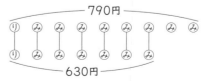

790−630=160(円)…みかん2個のねだん

160÷2=80(円)　　　…みかん1個のねだん

④ 式　(2000−1400)÷2＝300
　　　　(1400−300×4)÷2＝100
　　　　(または、(2000−300×6)÷2＝100)
　　　　　　　　　　　　答え　100円

⑤ 式　35÷5＝7
　　　　7×4＝28
　　　　　　答え　おとな…7人、子ども…28人

⑥ 5分後

④ 図に表すと、次のようになります。

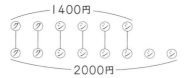

2000−1400＝600(円)

　　　　　　…ショートケーキ2個のねだん

600÷2＝300(円)

　　　　　　…ショートケーキ1個のねだん

1400円から、ショートケーキ4個のねだんをひくと、クッキー2個のねだんになります。

⑤ 子どもの数をおとなの数におきかえて考えます。

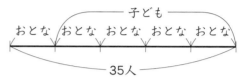

おとなの数は、35÷5＝7(人)

子どもの数は、おとなの数の4倍だから、

7×4＝28(人)

⑥ 追いつきの問題です。表をつくると、

| 兄の走った時間　（分） | 0 | 1 | 2 | 3 | 4 | 5 |
|---|---|---|---|---|---|---|
| 弟の進んだ道のり　（m） | 600 | 750 | 900 | 1050 | 1200 | 1350 |
| 兄の進んだ道のり　（m） | 0 | 270 | 540 | 810 | 1080 | 1350 |
| 2人の間の道のり　（m） | 600 | 480 | 360 | 240 | 120 | 0 |

　　　　　120　120　120　120　120 減る

時間＝はじめの道のり÷速さの差

　　150×4＝600

　　600÷(270−150)＝5(分後)

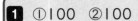
**1** ①100 ②100

**1** ①小数点が右に2けた移っているので、100倍した数です。
②小数点が左に2けた移っているので、$\frac{1}{100}$にした数です。

**2** ①13000000 ②4.3

**2** ①1 m³＝1000000 cm³
②1000000 でわります。

**3** 比例しない。

**3** コップの数が2倍、3倍、……になっても、全体の高さは2倍、3倍、……にならないので、比例しません。

**4** あ、か

**4** かけ算では、1より小さい数をかけると、積は、かけられる数より小さくなります。
わり算では、1より大きい数でわると、商は、わられる数より小さくなります。

**5** ①2.5 cm ②40°

**5** 合同な図形では、対応する辺の長さは等しく、対応する角の大きさも等しくなっています。
①辺DEに対応する辺は、辺ACです。
②角Eに対応する角は、角Cです。

**6** ①64 m³ ②320 cm³

**6** ①4×4×4＝64(m³)
②2つに分けて考えます。
(例) 9×5×4＋5×7×4＝320(cm³)
ほかにも分け方はいろいろあります。

**7** ①11.5 ②0.0348 ③9 ④0.38

**7**
①
```
    2.5
  ×4.6
   150
  100
  11.50
```
②
```
    0.06
  ×0.58
     48
    30
  0.0348
```
③
```
        9
 3.5)31.5
     315
       0
```
④
```
      0.38
 6.5)2.4.7
     195
     520
     520
       0
```

**8** ①1.4 ②13.5

**8**
①
```
        4
      1.3.6
 6.3)8.6
     63
    230
    189
    410
    378
     32
```
②
```
        5
     13.4.8
 2.9)39.1
     29
    101
     87
    140
    116
    240
    232
      8
```

**9** ①12余り0.8　②6余り0.2

**9** 余りの小数点の位置は、わられる数のもとの小数点と同じところです。

①
$$2.6\overline{)32.0}$$
```
        1 2
2.6 ) 3 2.0
      2 6
        6 0
        5 2
        0.8
```

②
```
        6
3.1 ) 1 8.8
      1 8 6
        0.2
```

**10** ①9　②7　③245

**10** ①$2.5×3.6=25×36÷100$
　　$=25×(4×9)÷100$
　　$=(25×4)×9÷100=9$
②$2.81×0.7+7.19×0.7=(2.81+7.19)×0.7$
　$=10×0.7=7$
③$98×2.5=(100-2)×2.5$
　$=100×2.5-2×2.5=250-5=245$

**11** ①$4.6-2.8(=1.8)$
②$3.8+1.2(=5)$
③$6.3÷0.42(=15)$
④$3.6×1.5(=5.4)$

**11** 次の計算の間の関係を使います。
・■＋▲＝● → ■＝●－▲
・■－▲＝● → ■＝●＋▲
・■×▲＝● → ■＝●÷▲
・■÷▲＝● → ■＝●×▲

**12** ①　②

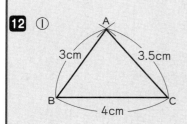

**12** ①まず、4cmの辺BCをかきます。
　次に、その両はしから、半径3cmと半径3.5cmの円をかいて、その交わった点をAとします。
②まず、4cmの辺BCをかきます。
　次に、点Bから60°の角をかいて、点Cから30°の角をかきます。その交わった点をAとします。

**13** ①45°　②120°

**13** ①$180°-(90°+45°)=45°$
②$360°-(90°+100°+50°)=120°$

**14** 式　$3×5=15$
　　$120÷15=8$　　　　　答え　8cm

**14** $3×5×\boxed{高さ}=120$
$\boxed{高さ}=120÷15=8（cm）$

**15** 式　$2.4×1.5=3.6$　　　答え　3.6kg

**15** 図をかいて考えます。

**16** 式　$38.5÷1.8=21$余り0.7
　　　答え　21本できて、0.7L余る。

**16**
```
        2 1
1.8 ) 3 8.5
      3 6
        2 5
        1 8
        0.7
```
余りの小数点の位置に注意しましょう。

**17**

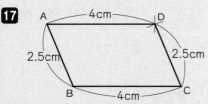

**17** 平行四辺形は、向かいあう辺の長さが等しいので、点Aから半径4cm、点Cから半径2.5cmの円をかき、その交わった点をDとします。

**18** 式　$96×(0.3×0.5)$
　　$=96×0.15$
　　$=14.4$　　　　　答え　14.4cm

**18** 数量の関係を図に表すと、下のようになります。

| 赤 | 0.3倍 | 青 | 0.5倍 | 白 |
|---|---|---|---|---|

96cm　　　　　□倍

赤のひもの$(0.3×0.5)$倍が白のひもの長さです。

# 冬のチャレンジテスト

**1** ①奇数　②偶数　③偶数

**2** 最小公倍数…60、最大公約数…4

**3** ① $\dfrac{6}{7}$　② $\dfrac{17}{9}\left(1\dfrac{8}{9}\right)$

**4** ①0.6　②1.25　③ $\dfrac{9}{25}$　④ $\dfrac{17}{10}\left(1\dfrac{7}{10}\right)$

**5** ①高さ　②対角線

**6** ①0.4　②4割　③163％
④16割3分　⑤0.749　⑥74.9％

**7** ① $\dfrac{35}{36}$　② $\dfrac{32}{15}\left(2\dfrac{2}{15}\right)$　③ $\dfrac{2}{3}$　④ $\dfrac{13}{24}$

**8** ①式　$9\times5\div2=22.5$　　答え　22.5 cm²
②式　$4\times6.5\div2=13$　　答え　13 cm²
③式　$3\times8=24$　　答え　24 cm²

**9** 式　$(28+25+37+34)\div4=31$
　　　　答え　31 cm

---

**1** 一の位の数字が0、2、4、6、8なら偶数、1、3、5、7、9なら奇数です。

**2** 12の倍数　12　24　36　48　⑥⓪ …
20の倍数　　20　　　40　　⑥⓪ …
12と20の最小公倍数は60です。
12の約数　①　②　3　④　6　12
20の約数　①　②　　④　5　10　20
12と20の最大公約数は4です。

**3** $\blacktriangle \div \blacksquare = \dfrac{\blacktriangle}{\blacksquare}$ を使います。

**4** ① $\dfrac{3}{5}=3\div5=0.6$
② $\dfrac{5}{4}=5\div4=1.25$
③ $0.01=\dfrac{1}{100}$ だから、$0.36=\dfrac{36}{100}=\dfrac{9}{25}$
④ $0.1=\dfrac{1}{10}$ だから、$1.7=\dfrac{17}{10}\left(1\dfrac{7}{10}\right)$

**6** 割合を表す小数と百分率、歩合の関係をしっかりおぼえておきましょう。

| 割合を表す小数 | 1 | 0.1 | 0.01 | 0.001 |
|---|---|---|---|---|
| 百分率 | 100％ | 10％ | 1％ | 0.1％ |
| 歩合 | 10割 | 1割 | 1分 | 1厘 |

**7** ① $\dfrac{2}{9}+\dfrac{3}{4}=\dfrac{8}{36}+\dfrac{27}{36}=\dfrac{35}{36}$
② $\dfrac{5}{6}+1\dfrac{3}{10}=\dfrac{5}{6}+\dfrac{13}{10}=\dfrac{25}{30}+\dfrac{39}{30}$
　　$=\dfrac{64}{30}=\dfrac{32}{15}\left(2\dfrac{2}{15}\right)$
③ $\dfrac{19}{15}-\dfrac{3}{5}=\dfrac{19}{15}-\dfrac{9}{15}=\dfrac{10}{15}=\dfrac{2}{3}$
④ $2\dfrac{1}{8}-1\dfrac{7}{12}=\dfrac{17}{8}-\dfrac{19}{12}=\dfrac{51}{24}-\dfrac{38}{24}=\dfrac{13}{24}$

**8** 頂点や向かいあった辺から底辺に垂直にひいた直線が高さです。
①②三角形の面積＝底辺×高さ÷2
③平行四辺形の面積＝底辺×高さ

**9** 平均＝合計÷個数

**10** 式　7×(4＋4)÷2＝28
　　　　7×4÷2＝14
　　　　28－14＝14　　　　　　答え　14 cm²

**11** ①式　(8＋0＋7＋7＋9)÷5＝6.2
　　　　　　　　　　答え　6.2さつ
　　②式　6.2×20＝124　　答え　124さつ

**12** ①A町　式　9240÷168＝55
　　　　　　　　　　　　　答え　55人
　　　B町　式　5680÷98＝57.9……→58
　　　　　　　　　　　　　答え　約58人
　　②B町

**13** ①式　840÷1200＝0.7
　　　　　　　　　　答え　70％
　　②式　1190÷(1－0.15)＝1400
　　　　　　　　　　答え　1400円

**14** 24個

**15** 式　2400÷3＝800
　　　　800×2＝1600
　　　　　　答え　子ども1人分…　800円
　　　　　　　　　おとな1人分…1600円

**10** 答えの式は、大きい三角形から小さい三角形をひく
しかたですが、2つの三角形に分けて計算するしか
たもあります。
　　4×3÷2＝6
　　4×(7－3)÷2＝8
　　6＋8＝14　　　　　　　　　　　　　14 cm²

**11** ① 平均 ＝ 合計 ÷ 日数
　　　　さっ数が0の日も日数に入れます。
　② 合計 ＝ 平均 × 日数

**12** 人口密度＝人口(人)÷面積(km²)

**13** ①割合＝くらべる量÷もとにする量
　②もとにする量＝くらべる量÷割合

**14** 1本の直線に変えて考えます。
0のように、囲まれた文字を1本の直線に変えると
きは、開けたところ(下の図の○の部分)には植木ば
ちがないものと考えるので、ならべる植木ばちの個
数と間の数は同じになります。

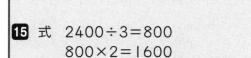

**15** おとな1人分の入館料を、子ども2人分の入館料に
おきかえて考えます。

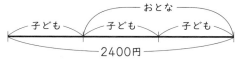

おとな1人分の入館料を子ども2人分の入館料にお
きかえると、子ども3人分の入館料が2400円に
なります。

**1** ①正五角形　②正八角形

**2** ①直径　②円周

**3** ①四角柱　②円柱

**4** 五角形、垂直（すいちょく）

**5** ①÷　②×

**6** ①式　20×3.14＝62.8　　　答え　62.8 cm
　　②式　2.5×2×3.14＝15.7　答え　15.7 cm
　　③式　56.52÷3.14＝18　　　答え　18 cm

**7** （例）

2cm　2cm　2cm　2cm　　4cm

**8** ①240　②25　③16

**9** 式　50×2×3.14＝314
　　　50×3.14＝157
　　　314＋157＝471　　　　答え　471 cm

**10** ①式　36÷12＝3　　　　　答え　3倍
　　②式　550×0.3＝165　　　答え　165人

**11** 10分後

---

**1** 頂点（ちょうてん）の数がいくつあるかを数えます。
　　①頂点の数は5　→　正五角形
　　②頂点の数は8　→　正八角形

**3** 角柱や円柱の名前は、底面の形できまります。
　　①底面の形は四角形　→　四角柱
　　②底面の形は円　　　→　円柱

**5** 速さ＝道のり÷時間　　　この3つの式はしっかり
　　道のり＝速さ×時間　　　おぼえておきましょう。
　　時間＝道のり÷速さ

**6** ①②直径は半径の2倍の長さだから、
　　　円周＝直径×3.14＝半径×2×3.14
　　③直径＝円周÷3.14

**7** 側面の部分の長方形は、たては4cm、
　　横は2×4＝8（cm）になります。

**8** ①80×3＝240
　　②450÷18＝25
　　③4 km＝4000 m　　4000÷250＝16

**9** 直径100 cmの円の円周と、直径50 cmの円の
　　円周の和になります。

**10** ①それぞれの割合（わりあい）でくらべます。
　　　4人家族の児童数の割合は、36％
　　　3人家族の児童数の割合は、
　　　78－66＝12（％）　です。
　　②5人家族の児童数の割合は、
　　　66－36＝30（％）
　　　くらべる量＝もとにする量×割合

**11** 出会いの問題です。表をつくると、

| 歩いた時間　　　　　（分） | 1 | 2 | 3 | 10 |
|---|---|---|---|---|
| しんやさんの歩いた道のり(m) | 90 | 180 | 270 | 900 |
| 弟の歩いた道のり(m) | 60 | 120 | 180 | 600 |
| 2人あわせた道のり(m) | 150 | 300 | 450 | 1500 |

150　150　増（ふ）える

時間＝はじめの道のり÷速さの和
1500÷(90＋60)＝10（分後）

**12** ①○＋4＝△

②1増える。

**13** ①○×3.14＝△

②比例する。

**14** ①20×○＋600＝△

②20増える。

③比例しない。

**12** ②表にかくと下のようになります。

| ○（オ） | 1 | 2 | 3 | 4 | 5 |
|---|---|---|---|---|---|
| △（オ） | 5 | 6 | 7 | 8 | 9 |

＋1　＋1　＋1　＋1

**13** ②○が2倍、3倍、……になると、△も2倍、

3倍、……になるので、△は○に比例します。

**14** ① ろうそく1本のねだん × 本数

＋ ケーキ1個のねだん ＝ 代金

②表にかくと下のようになります。

| ○（本） | 1 | 2 | 3 | 4 |
|---|---|---|---|---|
| △（円） | 620 | 640 | 660 | 680 |

＋20　＋20　＋20

③○が2倍、3倍、……になっても、△は2倍、

3倍、……にならないので、△は○に比例しませ

ん。

**1** ①68 ②0.634

**2** ①0.437 ②20.57 ③156

④3.25 ⑤$\frac{6}{5}$($1\frac{1}{5}$) ⑥$\frac{1}{6}$

**3** $\frac{5}{2}$、2、$1\frac{1}{3}$、$\frac{3}{4}$、0.5

**4** ⑦、あ、い

**5** ①36 ②奇数（きすう）

**6** ①6人

②えん筆…4本、消しゴム…3個

**7** ①6cm ②36 cm²

**8** 19 cm³

**9** ①三角柱 ②6cm ③12 cm

**10** 辺AC、角B

**11** 108°

**12** 500 mL

**13** ①式 72÷0.08＝900

答え 900 t

②

ある町の農作物の生産量

| 農作物の種類 | 米 | 麦 | みかん | ピーマン | その他 | 合計 |
|---|---|---|---|---|---|---|
| 生産量(t) | 315 | 225 | 180 | 72 | 108 | 900 |
| 割合(%) | 35 | 25 | 20 | 8 | 12 | 100 |

③ ある町の農作物の生産量

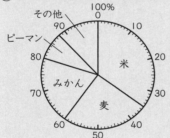

**14** ①式 （7＋6＋13＋9）÷4＝8.75

答え 8.75 本

②⑦

**15** ①

| 直径の長さ(○cm) | 1 | 2 | 3 | 4 |
|---|---|---|---|---|
| 円周の長さ(△cm) | 3.14 | 6.28 | 9.42 | 12.56 |

②○×3.14＝△ ③比例

④短いのは…直線アイ（の長さ）

わけ…(例) 1つの円の円周の長さは
直径の3.14倍で、直線
アイの長さは直径の3倍
だから。

---

**1** ①小数点を右に2けた移（うつ）します。

②小数点を左に1けた移します。小数点の左に0をつけくわえるのをわすれないようにしましょう。

**3** 分数をそれぞれ小数になおすと、

$\frac{5}{2}$＝5÷2＝2.5、 $\frac{3}{4}$＝3÷4＝0.75、

$1\frac{1}{3}$＝1＋1÷3＝1＋0.33…＝1.33…

**4** 例えば、あ、⑦の速さを、それぞれ分速になおして比（くら）べます。

あ 15×60＝900 分速 900 m

⑦ 60 km は 60000 m で、60000÷60＝1000
　　分速 1000 m

**5** ①9と12の最小公倍数を求めます。

②・2組の人数は1組の人数より1人多い

・2組の人数は偶数（ぐうすう）だから、1組の人数は、偶数－1で、奇数になります。

**6** ①24と18の最大公約数を求めます。

**7** ①台形ABCDの高さは、三角形ACDの底辺を辺ADとしたときの高さと等しくなります。12×2÷4＝6(cm)

②(4＋8)×6÷2＝36(cm²)

**8** 例えば、右の図のように、3つの
立体に分けて計算します。

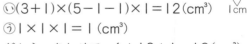

あ6×1×1＝6(cm³)

い(3＋1)×(5－1－1)×1＝12(cm³)

⑦1×1×1＝1(cm³)

だから、あわせて、6＋12＋1＝19(cm³)

ほかにも、分け方はいろいろ考えられます。

**9** ③ABの長さは、底面のまわりの長さになります。
だから、5＋3＋4＝12(cm)

**10** 辺ACの長さ、または角Bの大きさがわかれば、三角形をかくことができます。

**11** 正五角形は5つの角の大きさがすべて等しいので、
1つの角の大きさは、540°÷5＝108°

**12** これまで売られていたお茶の量を□mL として式をかくと、
□×(1＋0.2)＝600
□を求める式は、600÷1.2＝500

**13** ①（比べられる量）÷（割合）でもとにする量が求められます。

**14** ②1組と4組の花だんは面積がちがいます。花の本数でこみぐあいを比べるときは、面積を同じにして比べないと比べられないので、⑦はまちがっています。

**15** ③「比例の関係」、「比例している」など、「比例」ということばが入っていれば正解です。

④わけは、円周の長さと直線アイの長さがそれぞれ直径の何倍になるかで比べられていれば正解とします。